高等教育工业设计专业系列实验教材

U0283222

中国建筑工业出版社

版 式 设 计
FORMAT DESIGN
元素、信息与视觉传达
ELEMENTS, INFORMATION
AND VISUAL COMMUNICATION

钱金英　王 军 主 编
叶 丹　副主编

图书在版编目（CIP）数据

版式设计：元素、信息与视觉传达／钱金英，王军
主编．—北京：中国建筑工业出版社，2019.5
高等教育工业设计专业系列实验教材
ISBN 978-7-112-23442-4

Ⅰ.①版… Ⅱ.①钱…②王… Ⅲ.①版式－设计－
高等学校－教材 Ⅳ.①TS881

中国版本图书馆CIP数据核字（2019）第044282号

2018年度教育部人文社会科学研究青年基金项目："数字时代传统图像的多维体
验设计研究"（编号18YJC760062）；
2018年浙江省高等教育"十三五"第一批教学改革研究项目："基于SPOC的《计
算机辅助设计Ⅰ》课堂链式教学改革与实践"（编号jg20180108）。

责任编辑：贺　伟　吴　绫　唐　旭　李东禧
书籍设计：钱　哲
责任校对：赵　颖

本书附赠配套课件，如有需求，请发送邮件至1922387241@qq.com获取，
并注明所要文件的书名。

高等教育工业设计专业系列实验教材

版式设计 元素、信息与视觉传达
钱金英　王军　主编
叶丹　副主编
*
中国建筑工业出版社出版、发行（北京海淀三里河路9号）
各地新华书店、建筑书店经销
北京锋尚制版有限公司制版
天津图文方嘉印刷有限公司印刷
*
开本：850×1168毫米　1/16　印张：9　字数：202千字
2019年6月第一版　　2019年6月第一次印刷
定价：56.00元（赠课件）
ISBN 978-7-112-23442-4
　　（33696）

"高等教育工业设计专业系列实验教材"编委会

主　　编　潘　荣　叶　丹　周晓江

副 主 编　夏颖翀　吴　翔　王　丽　刘　星　于　帆　陈　浩　张祥泉　俞书伟　王　军
　　　　　　傅桂涛　钱金英　陈国东

参编人员　陈思宇　徐　乐　戚玥尔　曲　哲　桂元龙　林幸民　戴民峰　李振鹏　张　煜
　　　　　　周妍黎　赵若轶　骆　琦　周佳宇　吴　江　沈翰文　马艳芳　邹　林　许洪滨
　　　　　　肖金花　杨存园　陆珂琦　宋珊琳　钱　哲　刘青春　刘　畅　吴　迪　蔡克中
　　　　　　韩吉安　曹剑文　文　霞　杜　娟　关斯斯　陆青宁　朱国栋　阮争翔　王文斌

参编院校　江南大学　　　　　　东华大学　　　　　　浙江农林大学
　　　　　　杭州电子科技大学　　中国计量大学　　　　浙江工业大学之江学院
　　　　　　浙江工商大学　　　　浙江理工大学　　　　杭州万向职业技术学院
　　　　　　南昌大学　　　　　　江西师范大学　　　　南昌航空大学
　　　　　　江苏理工学院　　　　河海大学　　　　　　广东轻工职业技术学院
　　　　　　佛山科学技术学院　　湖北美术学院　　　　武汉理工大学
　　　　　　武汉工程大学邮电与信息工程学院

总序
FOREWORD

仅仅为了需求的话，也许目前的消费品与住房设计基本满足人的生活所需，为什么我们还在不断地追求设计创新呢？

有人这样评述古希腊的哲人：他们生来是一群把探索自然与人类社会奥秘、追求宇宙真理作为终身使命的人，他们的存在是为了挑战人类思维的极限。因此，他们是一群自寻烦恼的人，如果把实现普世生活作为理想目标的话，也许只需动用他们少量的智力。那么，他们是些什么人？这么做的目的是为了什么？回答这样的问题，需要宏大的篇幅才能表述清楚。从能理解的角度看，人类知识的获得与积累，都是从好奇心开始的。知识可分为实用与非实用知识，已知的和未知的知识，探索宇宙自然、社会奥秘与运行规律的知识，称之为与真理相关的知识。

我们曾经对科学的理解并不全面。有句口号是"中学为体，西学为用"，这是显而易见的实用主义观点。只关注看得见的科学，忽略看不见的科学。对科学采取实用主义的态度，是我们常常容易犯的错误。科学包括三个方面：一是自然科学，其研究对象是自然和人类本身，认识和积累知识；二是人文科学，其研究对象是人的精神，探索人生智慧；三是技术科学，研究对象是生产物质财富，满足人的生活需求。三个方面互为依存、不可分割。而设计学科正处于三大科学的交汇点上，融合自然科学、人文科学和技术科学，为人类创造丰富的物质财富和新的生活方式，有学者称之为人类未来"不被毁灭的第三种智慧"。

当设计被赋予越来越重要的地位时，设计概念不断地被重新定义，学科的边界在哪里？而设计教育的重要环节——基础教学面临着"教什么"和"怎么教"的问题。目前的基础课定位为：①为专业设计作准备；②专业技能的传授，如手绘、建模能力；③把设计与造型能力等同起来，将设计基础简化为"三大构成"。国内市场上的设计基础课教材仅限于这些内容，对基础教学，我们需要投入更多的热情和精力去研究。难点在哪里？

王受之教授曾坦言："时至今日，从事现代设计史和设计理论研究的专业人员，还是凤毛麟角，不少国家至今还没有这方面的专业人员。从原因上看，道理很简单，设计是一门实用性极强的学科，它的目标是市场，而不是研究所或书斋，设计现象的复杂性就在于它既是文化现象同时又是商业现象，很少有其他的活动会兼有这两个看上去对立的背景之双重影响。"这段话道出了设计学科的某些特性。设计活动的本质属性在于它的实践性，要从文化的角度去研究它，同时又要从商业发展的角度去看待它，它多变但缺乏恒常的特性，给欲对设计学科进行深入的学理研究带来困难。如果换个角度思考也许会有帮助，正是因为设计活动具有鲜明的实践特性，才不能归纳到以理性分析见长的纯理论研究领域。实践、直觉、经验并非低人一等，理性、逻辑也并非高人一等。结合设计实践讨论理论问题和设计教育问题，对建设设计学科有实质性好处。

对此，本套教材强调基础教学的"实践性"、"实验性"和"通识性"。每本教材的整体布局统一为三大板块。第一部分：课程导论，包含课程的基本概念、发展沿革、设计原则和评价标准；第二部分：设计课题与实验，以 3~5 个单元，十余个设计课题为引导，将设计原理和学生的设计思维在课堂上融会贯通，课题的实验性在于让学生有试错容错的空间，不会被书本理论和老师的喜好所限制；第三部分：课程资源导航，为课题设计提供延展性的阅读指引，拓宽设计视野。

本套教材涵盖工业设计、产品设计、多媒体艺术等相关专业，涉及相关专业所需的共同"基础"。教材参编人员是来自浙江省、江苏省十余所设计院校的一线教师，他们长期从事专业教学，尤其在教学改革上有所思考、勇于实践。在此，我们对这些富有情怀的大学老师表示敬意和感谢！此外，还要感谢中国建筑工业出版社在整个教材的策划、出版过程中尽心尽职的指导。

叶丹　教授

2018 年春节

前言
PREFACE

全球信息化为人类社会带来了海量的信息资源，同时科技的进步也让人类获取信息的媒介和渠道越来越多元化，传统的大众传播媒介如报纸、书籍、广告、海报、杂志、包装、电视等媒介已经向着电脑、网页、手机移动端等数字化信息媒介方向发展，人们肆意地享受着并沉浸在社会进化所带来的成果之中。

然而，信息的膨胀和媒介的多元化所带来的负面效应也如影随形，人们容易在海量信息的选择面前失去耐心和准确的判断力，从而影响了撷取信息的有效性。因此，如何让人们高效地获取信息就成了一个重要的命题。

所幸的是，不论技术如何进步，不管传播的媒介发生怎么样的变化，却有一点——人们通过感官对信息自身内容的求索——是永远不变的。视觉感官是信息传递的重要方式之一，不论是传统媒介还是新兴媒介，最终都需要依赖视觉界面将信息有效传递出来。这个视觉界面能否在第一时间吸引读者的眼球，进一步激发读者的阅读兴趣，从而有效地传达既定的信息，就成为版式设计工作者的重要使命。

优秀的版式设计应该主题清晰鲜明、内容直观准确、界面美观易读、阅读体验轻松舒适，能促使或帮助读者流畅、完整、清晰、愉悦地接受传达者想要表达的信息。所以版式设计是一种实用性极强的艺术，它的终极目的就是为"信息的双向沟通和交融"这一中心服务的。尽管版式设计提倡美观、创新、艺术化的设计，然而仅仅具有漂亮的形式并不一定能带来良好的信息传递，它还要受到许多条条框框的制约，这就需要运用专业的知识、方法和技巧来进行版式设计。

版式设计课程就是对这些知识、方法和技巧的延续和传递，通过版式设计的教学，培养学生掌握现代版式设计理念，具备版式设计的思维和编排设计能力，为后续的专业课程奠定一定的基础。

本书帮助学生掌握版式设计的基本知识，通过具体的实际案例可以快速和生动地让学生掌握版式设计的技巧和方法。教材设计案例生动且具有可操作性，可以快速帮助学生从构思到实务之间顺利地转换。除此之外，本书提出了更多的实验性和创造性的艺术表达方式，以培养学生的创造性思维能力。

本书能够顺利撰写出版，在此特别感谢中国建筑工业出版社的编辑们提供的机遇和支持，感谢潘荣、叶丹、周晓江三位总主编的指导和鞭策，让我努力前行，不断进步，同时还要感谢提供设计作品的各位应往届同学。本书是在总结本人多年教学实践基础上进行的，限于作者学术未精，水平和学识有限，书中难免存在一些不足之处，衷心地期待读者批评指正。

钱金英

2018 年 4 月 20 日

课时安排
TEACHING HOURS

■ 建议课时 64

课程	具体内容		课时
课程导论 （12 课时）	版式设计概论	概念解读	4
		设计要求	
		造型要素	
	版式中的文字设计	中文字体	8
		英文字体	
		字号、字距与行距	
	版式中的图形设计	图形的面积	
		图形的形状	
	版式中的网格设计	网格的概念	
		网格的应用	
版式设计与实验 （48 课时）	寻找设计元素	实验课题　手脑联动	8
	探索文字表情	实验课题 1　字体性格表达	16
		实验课题 2　文字情感表达，版面再创	
	图形与版面的相遇	实验课题　图形情感，主题再创	8
	版面的整体设计	实验课题 1　版面情感，主题再创	16
		实验课题 2　肌理材料与版面的碰撞	
版式鉴赏与分析 （4 课时）	产品类版式	产品与版面	4
	平面类版式	折页与版面	
		招贴与版面	
		包装与版面	
		书籍与版面	

目 录
CONTENTS

Format Design

01

第 1 章　课程导论

第1章 课程导论

1.1 版式设计概论

1.1.1 概念解读

版式设计是什么，有什么用？版式设计要学些什么？

版式设计是指在有限的空间里将文字、图形、线条、色块等设计元素内容，按一定的组合方式编排，用视觉语言的技巧传达信息，产生美的秩序。一个优秀的版面，不仅需要承载和传播信息，还要求合理运用各种视觉元素，做到主题突出，主次分明，视觉效果美观且易读。

版式设计作为一门专业设计课程，培养学生掌握现代版式设计理念，具有版式设计的思维和编排设计能力，为学习专业课程奠定一定的基础。通过版式设计课程的学习，能够帮助学生了解基本的版式设计的视觉构成要素，学习编排的表现形式，运用巧妙的形式语言有效地传达设计信息。

从表面上看，版式编排只是一种编排的技巧，实际上却是技术与艺术修养高度统一的结晶，它反映了设计者对版面的设计和控制能力。

在版式设计的学习过程中，学生除了基本的技能学习，比如各种图形软件（Photoshop、Illustrator、Coreldraw、Indesign）的熟练掌握和运用，更应该学习和提高创造性思维能力、视觉流程的掌控能力以及美学表达能力。在整个课程的学习过程中，我们应给与学生更多的成长空间，容许更多的实验性和创造性的艺术表达。

版式设计不是阳春白雪，它其实在我们身边无所不在！

实践与讨论：寻找身边的版式

作业：通过上网收集或者实地拍照记录的形式，寻找优秀的版式设计作品。

目的：寻找具有设计感和创新性的版面，理解版式设计的概念和应用。理解版式设计的各个信息要素的组成方式。

要求：以个人为单位，每人收集20幅以上的作品，整理成ppt形式讲解，相互讨论学习。

版式设计是一个很宽泛的概念，它被广泛应用到各个相关的设计领域，不同的领域有不同的侧重点。（图1-1~图1-6）如：海报设计中的版式设计侧重于图形元素的创意和表达；报纸杂志的版式设计侧重于文字的组织和编排；产品包装的版式设计侧重于图形、文字、色彩的综合表达；工业设计展板的版式设计侧重于产品效果图和说明信息的整合编排。

图 1-1 《山海经》折页（设计者：吴苹婷 / 指导：钱金英）

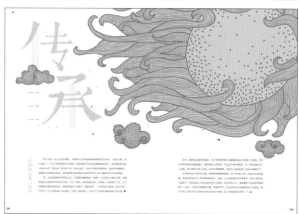

图 1-2 《半斤八两》内页（设计者：祝旭红 / 指导：钱金英）

图 1-3 《爱华仕》海报
（设计者：余佳佳 / 指导：钱金英）

图 1-4 《厉害了我的国》海报
（设计者：白雅君 / 指导：钱金英）

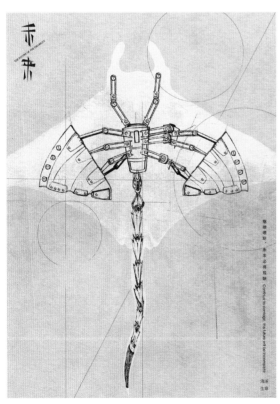

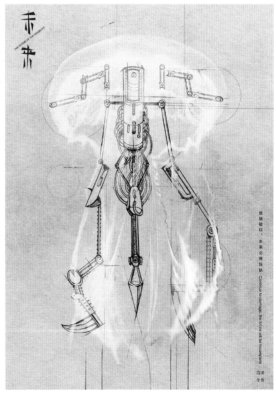

图 1-5 《残缺的未来》海报（设计者：楼名洋、魏上升 / 指导：钱金英）

图 1-6 "云南小食"包装(设计者:黄娜娜/指导:钱金英)

1.1.2　设计要求

　　版式设计的创意需要设计师根据设计主题进行构思，将主题和精巧的画面进行融合，形成新颖的视觉效果。富有个性的版式，需要设计者掌握画面的视觉流程，制造趣味的情景，控制色彩的搭配，来营造版面的趣味性。因此版式设计不仅要求版面效果达到形式和内容的统一，还要求创造出富有创意和个性的视觉空间，形成愉悦的阅读体验（图1-7～图1-10）。

　　随着科技的发展，版式设计的应用领域在不断延伸，除了传统纸质的印刷品以外，还融入到现代电子科技产品界面的交互运用中，如手机App、网站等不同载体的界面。这不仅要求设计师掌握传统的设计方法，也要了解新技术和新软件，不断丰富版式设计的手段和表现效果。

图1-7　"鱼骨梳子"包装（设计者：陈骏 / 指导：钱金英）

图1-8　《别拿鸡毛当令箭》明信片（设计者：洪玲 / 指导：钱金英）

图 1-9 《中国梦》海报（设计者：周奕琳 / 指导：钱金英）

图 1-10 《海洋生命》海报（设计者：祝旭红 / 指导：钱金英）

1.1.3 造型要素

设计是以知觉为基础的，那么就需要建立一种能够使人普遍感知和理解的基本元素作为媒介。经过无数设计师长期的设计实践，总结和提炼出构成版式的三种基本造型元素——点、线、面。任何画面的组织和排版都离不开这些基本元素。对于设计师来说，学习如何分析和解构这些点、线、面，用抽象思维观察和理解版面显得尤为重要。

点、线、面这三种版式设计的基本元素，组成了阅读的视觉空间。在版式设计中，点是相对较小的视觉元素，它的存在形式丰富多样，可以理解为一个字母或一个极小的图形。线是点移动的轨迹，这个轨迹决定了线条的形状和特点，线在视觉上有方向、长度、宽窄的区别。在版式中，线可以理解为一行文字，有粗细、长短之分。面是点和线的扩大，可以理解为一组字、一块空白、一幅图等。组织好画面中的点、线、面等造型要素是创造个性化版面的基础。

版面中，通过画面中的点、线、面元素的分散和集中，利用形式法则可以拉开版面的空间层次和虚实关系，形成韵律和秩序的美感（图 1-11~图 1-13）。

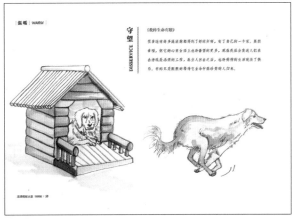

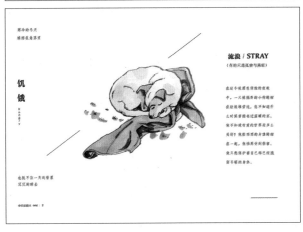

图 1-11 《共生》画册（设计者：陈迎夏 / 指导：钱金英）

图 1-12 《屿鸠》海报（设计者：余佳佳 / 指导：钱金英）

图 1-13 《盒子制衣》画册（设计者：杨嘉文 / 指导：钱金英）

1.2　版式中的文字设计

文字是版面中不可缺少的一部分，它在传播信息的同时，也可以被设计成具有不同性格的造型，被赋予不同情感的色彩。形式多变的字体能够呈现出不同的风格，如活泼的、沉稳的、纤细的、粗放的、力量的、豪放的、趣味的等风格。文字在版式构成中，不只是一种信息传达，也是一种图形符号，比如将文字设计出时而轻松、时而稳重的变化感，就可以使版面出现高低起伏的视觉效果。

1.2.1　中文字体

汉字是世界上最古老的文字之一，具有悠久的历史，是我国应用最广泛的文字。汉字在几千年的演变过程中，形体上逐渐从图形变为笔画，从复杂变为简单，从繁体变为简体。纵观历史，

汉字经历了由甲骨文、金文、篆书、隶书、草书、楷书、行书的"汉字七体"的变化。汉字具有象形、会意、结构优美等特征。在版式设计中，汉字也可以作为一种元素通过创意字体的设计融入设计中去，尤其是对中文字标题的创意设计在版式中运用较为普遍。

汉字外形是独特的方块形，书写形式既可横排写，也可竖排写，不同的书写形式具有不同的意境。汉字书写的基本笔画有点、横、竖、撇、捺、钩、折、提等。每个汉字都是由基本笔画组成的，汉字的书写注重起笔、行笔和收笔，以及运笔的轻重等关系。

在版式设计中，不同的汉字字体可以根据不同的意境进行设计使用。因此掌握好每种字体的风格、笔画和特征更有助于版式设计的创意表达（图 1-14～图 1-17）。

图 1-14　行走彩云间（设计者：葛梦露/指导：钱金英）

图 1-15 "梦想"手绘字体（设计者：洪玲 / 指导：钱金英）　　　图 1-16 "鬼伍拾柒"字体（设计者：王欢 / 指导：钱金英）

图 1-17 "秤"字体（设计者：祝旭红 / 指导：钱金英）

1. 宋体

　　宋体作为中国传统的汉字字体，结构工整、严谨，是我们日常印刷品中使用最频繁的字体之一。宋体源于宋代，发展完善于明代，具有悠久的历史。宋体相对于黑体而言，笔画上具有明显的粗细变化，主次分明。宋体整体方正，笔画特征一般是横细竖粗，末端有装饰衬线。宋体的笔画表达具有历史感，给人以传统的意味，如老字号、历史题材、文化题材等使用宋体字体排版较多（图1-18~图1-20）。

图1-18　"悠石"字体（设计者：陈迎夏/指导：钱金英）　　图1-19　"初生牛犊"字体（设计者：张龙/指导：钱金英）

图1-20　"三水"包装设计（设计者：朱佳琪/指导：钱金英）

　　在字库中，不同品牌所注册的宋体的形态、笔画具有不同的变化。以方正字库为例，宋体演变出了22种风格，41种粗细变化不同的字体，其中较有特点的字体有：方正报宋简体、方正粗宋简体、方正大标宋简体、方正小标宋简体、方正清刻本悦宋简体。通常普通宋体作为版式中的正文使用，而加粗的宋体可以作为标题来使用。如图1-21所示，不同粗细的宋体给人带来不同的视觉效果。

宋体

文字给读者带来的阅读愉悦

方正小标宋简体

文字给读者带来的阅读愉悦

方正大标宋简体

文字给读者带来的阅读愉悦

方正粗宋简体

文字给读者带来的阅读愉悦

方正清刻本悦宋简体

文字给读者带来的阅读愉悦

图1-21 不同粗细的宋体字体

在版式设计中选用哪种粗细大小的宋体，应该根据其表达内容的层级高低进行选择，这样更便于信息的视觉识别。根据主题的区别，宋体的使用也要做相应的变化，如在海报中的宋体可侧重于字体的图形创意表达（图1-22、图1-23）。

图 1-22 《芳泽》（设计者：陈骏／指导：钱金英）

图 1-23 《藏行者》海报（设计者：夏书豪／指导：钱金英）

2. 黑体

黑体源于 20 世纪初，在现代汉语字体中是最重要的字体之一。它笔画简洁，横竖笔画粗细一致，应用方便。黑体在风格上和宋体截然不同，虽不及宋体生动活泼，却因为它拥有庄重有力、朴素大方的属性而引人注目，有强调突出的作用。黑体常用于标题、广告等醒目的位置上，有强烈的视觉效果。

黑体又可分为印刷黑体和美术黑体两种。印刷黑体可以分为大黑、粗黑、中黑、细黑等常规的字体区别。在实际应用中，黑体常常被设计成为具有不同粗细变化的多种形态，如在方正字库中，黑体被设计为 20 种风格，88 种不同的形态，其中比较有特点的黑体字体有：方正正黑系列、方正黑体简体、方正等线系列、方正超粗黑简体等。这种不同粗细变化的黑体可以让版面产生不同的视觉效果，如图 1-24 所示。

黑体

文字给读者带来的阅读愉悦

方正黑体简体

文字给读者带来的阅读愉悦

方正正中黑简体

文字给读者带来的阅读愉悦

方正大黑简体

文字给读者带来的阅读愉悦

方正粗黑简体

文字给读者带来的阅读愉悦

图 1-24 不同粗细的黑体字体

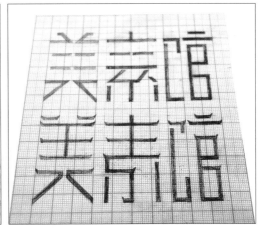

图 1-25 "美素馆"字体草图（设计者：张龙 / 指导：钱金英）

图 1-26 "明镜"字体（设计者：张龙 / 指导：钱金英）

图 1-27 "美素馆"字体正稿（设计者：张龙 / 指导：钱金英）

版式设计中的黑体字可以通过软件中的各种命令进行二次编辑和变形，比如通过对某个笔画或整体进行加长、加粗的设计，来营造出不同的艺术效果。此外黑体可与宋体进行组合设计，形成笔画在粗细、强弱上的对比。黑体字体版面富于条理美。在版式设计中，黑体的版式设计可以配合图形、线条、精致小文字的设计形成丰富的视觉美感（图1-25~图1-33）。

图 1-28 "素色"字体（设计者：张龙 / 指导：钱金英）

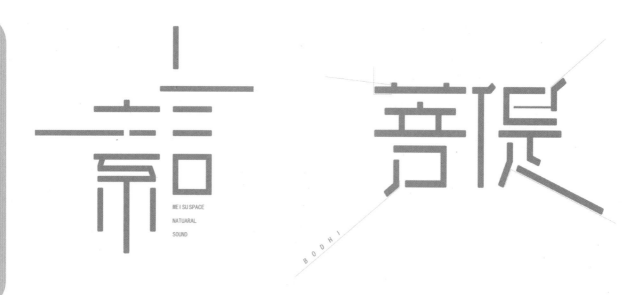

图 1-29 "素言"字体（设计者：张龙 / 指导：钱金英）　　　图 1-30 "菩提"字体（设计者：张龙 / 指导：钱金英）

图 1-31 图形字体（设计者：包涵 / 指导：钱金英）

图 1-32 《星空之上》字体与版面（设计者：范笠 / 指导：钱金英）

图 1-33 《将军你怎么看》字体（设计者：邱慧江 / 指导：钱金英）

1.2.2　英文字体

拉丁字母

拉丁字母可以分为有衬线体和无衬线体、手写体等。其中有衬线体和无衬线体在版式编排中使用最为频繁。有衬线体和无衬线体在笔画结构上有着明显的区别。有衬线体在字母的笔画开始和结束有额外的线条装饰，且结构上也有粗细变化，类似于汉字的字体造型，给人典雅、庄重的感觉。而无衬线体在笔画上会更加精简，无额外的线条装饰，给人时尚、干净、轻松的感觉

（图1-34）。每种拉丁字母都具有不同的结构特征和气质，设计时应仔细分析反复筛选，选择切合主题的字体（图1-35～图1-39）。

在现代的版式设计中，设计师在同一版面中经常会结合中英文字体进行组合设计，让画面产生丰富和有层次的视觉效果。其中，选用最多的拉丁字母是罗马体，它是西方衬线体的基础，其笔画流畅优美，字形大方，方便阅读。

图1-34　有衬线体和无衬线体的区别

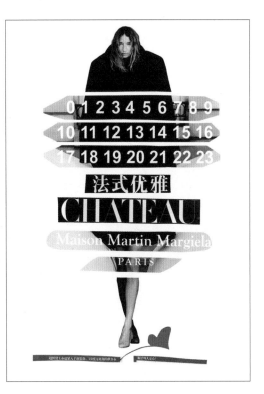

图 1-35 手工制作英文字体
（设计者：吴睿智 / 指导：钱金英）

图 1-36 有衬体英文版面
（设计者：徐祎 / 指导：钱金英）

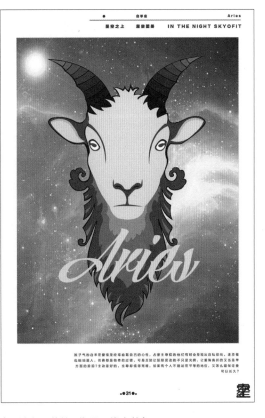

图 1-37 《星空之上》版面字体（设计者：范笠 / 指导：钱金英）

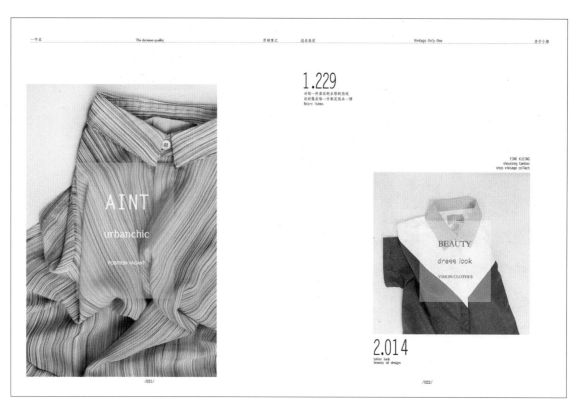

图 1-38 《盒子制衣》内页（设计者：杨嘉文 / 指导：钱金英）

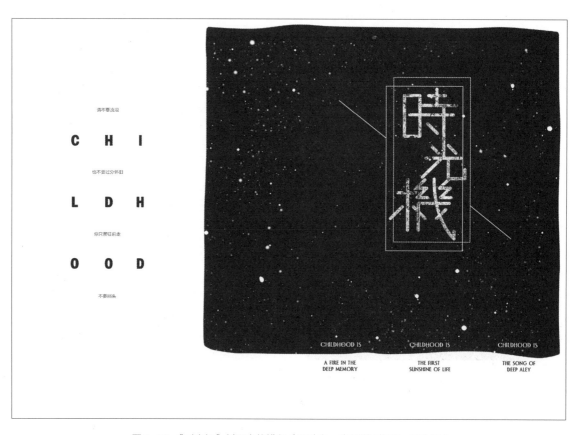

图 1-39 《时光机》封面字体排版（设计者：朱佳琪 / 指导：钱金英）

实践与练习：识别不同的字体

不同的字体有不同的书写特征，每个类型的字体代表了不同的性格。你能认出图1-40中是什么字体吗？

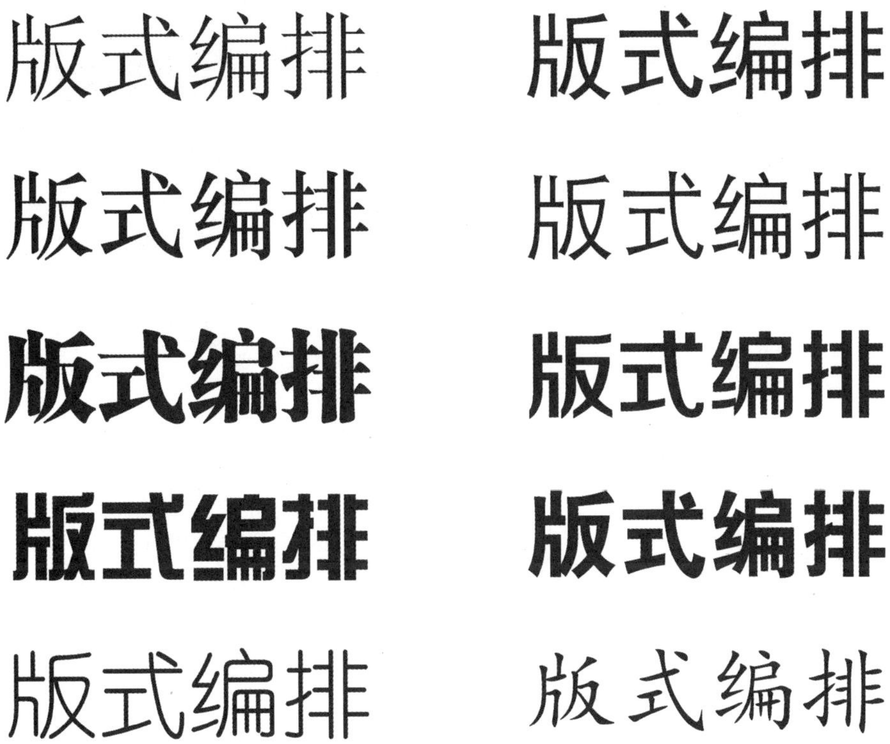

图 1-40　识别不同的字体

当你熟悉的字体种类越多，在设计时就会越顺手。

图中第一列从上至下分别为：宋体、华文中宋、方正粗宋简体、方正综艺简体、幼圆。

图中第二列从上至下分别为：黑体、华文细黑、方正正中黑简体、方正粗黑简体、楷体。

印刷字体本身就是一项拥有自己语言的语言。在实际设计中，宋体和黑体在使用上都较为普遍，但两者的使用却有明显的区别。宋体笔画粗细变化明显，在视觉上给人印象较为传统，而黑体笔画干净利落，粗细一致，相对而言视觉上会更显现代和力量一些。根据粗细的区别，不同粗度的字体可以根据文字内容的重要性进行设计使用，粗体通常被作为大标题或者封面文字等进行应用，而笔画细腻的文字更适合作为大篇幅正文，被读者长时间的阅读。这样，读者在获取信息时可以主次清晰，更能快速地了解主题内容。

1.2.3　字号、字距与行距

　　在版式设计中字号表示字的大小，它也代表各层级的内容关系。在设计字号大小时，不仅要考虑文字内容的重要程度，也需要考虑字号不同所体现出的视觉效果。如版式中的一级标题、二级标题和正文选择的字号大小应该不同，这样才能体现版式设计的层次，才能让阅读者清晰阅读信息。

　　不同的印刷品在设计时应考虑不同的字号大小，如名片、海报、书籍等不同的印刷品，字号的表达和选择要求也不同。在版式设计中，8 磅和 9磅是常用的正文字号大小。尽管这两个字号只差一号，在印刷使用中显示差别确有明显的不同。通常9 磅更适合作为正文，用于大量文字的阅读。根据不同级别标题，字体也可以有 12 磅、16 磅、24磅等不同的字号大小的选择，而 32 磅以上的字号作为标题在印刷品中使用则需要慎重考虑。

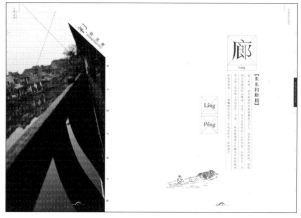

图 1-41《西塘》画册 1（设计者：魏上升 / 指导：钱金英）

然而，很多初学者在进行版式设计时，经常直接以电脑屏幕显示的字体大小为依据来判断并选择不同的字体和字号。这样在后期进行制样时，打印出来的字体效果和实际所需的差别很大，此时则必须要重新调整设计方案进行修改。版式设计时应尽量避免这样的错误发生，设计师应该熟练掌握每种字号的实际印刷效果，从而为后期的版式设计奠定基础。

字距与行距的把握是设计师对版面的心理感受，也是设计师设计品位的直接体现。根据版式设计的构思，调整字符的行间距可以让文字间距表现出紧凑或宽松的效果，来达到美化版面的效果，提升阅读体验的作用。如果只是将文字堆砌在版面中而不加处理的话，凌乱的字符间距会显得格外粗糙。

一般的行距常规的比例应为：字距 8 点，行距 10 点，即 8 : 10。但对于一些特殊的版面来说，字距与行距的加宽或缩紧应根据创意表达的要求进行排版，这样的版式设计中主题和内涵才能达到统一（图 1-41、图 1-42）。

图 1-42 《西塘》画册 2（设计者：魏上升 / 指导：钱金英）

1.3 版式中的图形设计

图形在版面中能够给读者带来直观的视觉印象，能让人们联想到事物的各个特征。图形在版面构成中占有很大的比重，视觉冲击力比文字更强。在版式设计中也有这样一说：一幅图片胜于千字。优秀合理的图片布局，可以让版面更具有生命力。图形在版面构成要素中，具备了独特的性格以及吸引视觉的重要作用。它具有两大功能：视觉效果和导读效果（图 1-43）。

图 1-43 "水信玄饼"包装（设计者：朱佳琪 / 指导：钱金英）

1.3.1 图形的面积

图片面积及尺寸大小的安排，直接关系到版面的视觉效果和情感的传达。一般情况下，把相同尺寸的图片并列编排，版面会显得整齐、理性且有说服力。而把那些重要的、能吸引读者注意力的图片放大，从属的图片缩小，可以形成主次分明的格局。这是版面构成的基本原则。

图片的面积对比可以使画面主题突出，创意鲜明。扩大图形的面积，能使版面产生震撼力，能在瞬间传达其内涵。如图 1-44 案例所示，将版面左右两边的马的形象进行面积大小的调整，使画面产生了明显的主次对比关系。

图 1-44　手工拼贴图片版面（设计者：刘佳薇 / 指导：钱金英）

1.3.2　图形的形状

1. 出血图式

出血是印刷上的用语，即画面充满、延伸至印刷品的边缘。具有向外扩张、自由、舒展的感觉。出血和页面的页边有关，出血图片应拉满延伸至版式的出血线，避免切割时出现白边，如图 1-45 所示，出血的尺寸通常是 2～3mm。

如图 1-46 中，《西塘》画册版面中屋檐的出血处理可以使画面更有意境和灵气。

2. 退底图式

退底图是设计者根据版面内容所需，将图片中精选部分沿边缘裁剪，去掉背景的处理（图 1-47）。褪底图相对于方正的原图来说，它可以避免呆板、单调，表达更为生动和灵活且应用范围更为广泛。经过退底的图形可以让视觉中心更加突出，让画面更加精彩。退底图在处理时是围绕图片的形状来进行抠图处理的，Photoshop 软件中常用的命令是钢笔工具，我们应熟练掌握运用。如图 1-48 中，《玩物志》退底图的使用可以让版面更加轻松、自由。

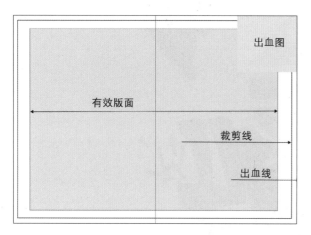

图 1-45　出血线图和裁剪线关系图

图 1-46　《西塘》内页（设计者：魏上升 / 指导：钱金英）

图 1-47　《娃哈哈》招贴（设计者：陈迎夏 / 指导：钱金英）

图 1-48 《玩物志》内页（学生设计）

3. 特殊图式

特殊图式是将图片按照一定的形状来限定创作，经过组合，创造性地加工处理，使版面产生出新颖、独特的新视角。特殊图式可以给人带来想象空间，使画面具有趣味性。在招贴设计中，特殊图式是经常被使用的手法，可以体现创意的新意。如图 1-49《快乐可比克》招贴设计中，将人物和薯片进行同构处理，表达了"享受这一刻"的主题，画面有趣、诙谐。

图 1-49 《快乐可比克》招贴（设计者：李雨丽／指导：钱金英）

4. 图形的方向

运用图形的动势与方向感，能够使版面营造出视线集中、轻松活泼的效果。版式设计中可以利用带有方向性的人物动态造型或者表情来活跃版面的视觉效果。图片的方向也是引领版面视线的一种方式，能够产生视线集中的焦点。如图 1-50《我的声，你的乐》版面中，人物身上的飘带贯穿了整个版面，具有引导视线的作用，也使版面具有动感和活力。

图 1-50 《我的声，你的乐》画册（设计者：王坤 / 指导：钱金英）

图1-51 时尚版面——整体与局部
（设计者：王艳 / 指导：钱金英）

图1-52 "屿鸠"温州小吃包装（设计者：余佳佳 / 指导：钱金英）

5. 图片的组合

图片的组合指在同一版面中对多幅图片进行组合设计，使版面具有节奏的韵律美。图片按照水平线与垂直线的规整组合是常用的整合方式。通过图片组合，版面内容可以更加丰富，层次也会更加鲜明，整体协调统一（图1-51）。

6. 整体与局部

版面中局部的强调，能在视线上达到某种集中，使读者能自觉地注意到版面的主要形象，同时产生一些新颖的版面效果。整体和局部是相互依存的，设计时应注意相互之间的关系。通常局部是琐碎的，整体是完整的，在版面构图中应控制好局部的数量和大小，避免产生凌乱感，从而破坏整体构图的协调性（图1-52）。

1.4 版式中的网格设计

1.4.1 网格的概念

网格是版式编排中的重要元素之一，也是版式设计中的视觉框架。版式设计可以利用提前设计好的网格，按照一定的形式法则对文字的组织和图形等信息内容进行编排。网格可以帮助设计师构建完整的设计方案，统一地把握设计的脉络。

版式设计要从草图开始画出网格，构思包括预设的符合比例的栅格线、边距线、栏位线和其他参考线。一旦网格线确定下来，版式设计在形式上的版面结构就确定下来了。网格设计不仅需要设计师遵从设计规律的原则进行创意，掌握版面的约束力，使版面具有统一性和协调性，同时也需要设计师具有可变性和灵活性。

在版式设计中，网格主要表现为对称式网格和非对称式网格。栏是网格中的一个重要概念，可以帮助画面整洁和容易阅读。网格以垂直单元与水平单元的数目定义，一个两栏三行的网格被称为6单元网格，或2×3网格。而一个三栏四行的网格被称为12单元网格，或3×4网格。

如图1-53所示。一个好的网格可以迅速地帮助设计师清晰版面结构，引导设计师进行图文的编排，创建一个有层次的画面。

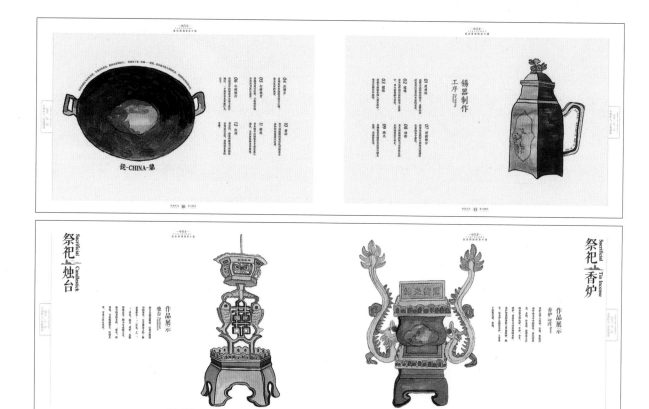

图1-53 《守艺人》画册设计（设计者：岑盼南/指导：钱金英）

1.4.2　网格的应用

　　网格是版式设计中的基础，也被认为是基本的骨骼。网格的形式应考虑版面中的各个信息元素，如图片、文字的信息内容应根据级别来进行设计。通过网格的设计，版面可以更具有秩序感，也更为规整。网格在实际设计中可以对各个信息的布置起到参考、约束和辅助的作用。

　　网格设计应考虑版面的尺寸和视觉效果进行布局（图1-54、图1-55）。在操作中，文字的

网格尤其要控制好文字块之间的空隙，计算好版面和页边的间距，以及考虑出血和版面的装订形式。如胶装的版面和蝴蝶装的版面在相同的开本尺寸下设计时，中缝装订的尺寸有少许不同，胶装可以比蝴蝶装中缝预留尺寸更宽些，使成品视觉效果更好。这些都会影响网格的尺寸设计和页面阅读的舒适度。

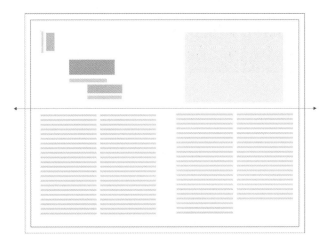

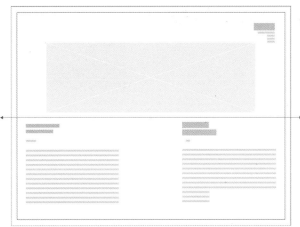
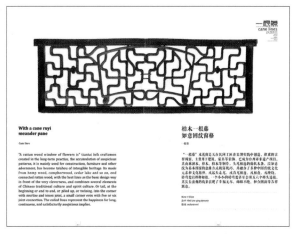

图1-54　《窗格》画册1（设计者：方密拉 / 指导：钱金英）

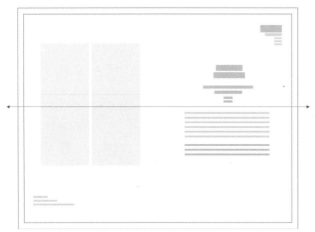

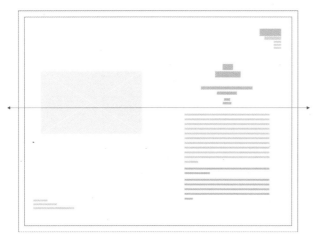

图 1-55 《窗格》画册 2（设计者：方密拉 / 指导：钱金英）

在一个优秀的版面作品中，合理的网格设计不仅能让版面的视觉效果产生美感，同时也能让读者轻松愉悦地根据文字的层级内容获取信息。网格设计也并非是机械僵化的，随着设计的不同也可以有轻松灵活的变化（图1-56）。

图1-56 《大叔》画册1（设计者：张佳丽/指导：钱金英）

网格应用应把握以下原则：

（1）根据页面大小设定版心的位置，可参考不同类型的页面，注意出血线的设定，如是图书、杂志则要考虑订口，要用标尺设定版面上下左右的宽度。

（2）版面应根据内容要求和风格来确定版心内的栏数设定。

（3）设定好内页的字体、字距、字号、行距以及图片大小、间距等要素，根据栏布局整个版面，确定版面的基本框架。

（4）对版面进行整体的把握，修改完善，调整细节。注意版面之间的节奏关系，明确版面的空间关系。

优秀版面设计如图 1-57、图 1-58 所示。

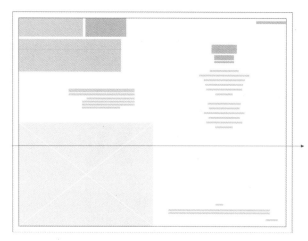

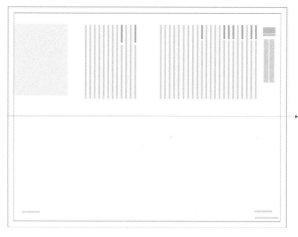

图 1-57 《大叔》画册 2（设计者：张佳丽 / 指导：钱金英）

图 1-58 《大叔》画册 3（设计者：张佳丽 / 指导：钱金英）

Format
Design

02

第 2 章　版式设计与实验

第 2 章　版式设计与实验

2.1　寻找设计元素

实验课题　手脑联动

1. 课题要求

课题名称：手脑联动

课题内容：版式与元素

教学时间：8 个学时

教学目的：

（1）让学生理解版式中的点、线、面元素，提高视觉的表达能力。

（2）围绕主题，利用现有素材，探索版式设计的可能性。

工具和材料：

（1）材料：时尚杂志、报纸（废旧）、铅笔、固体胶、油性笔、马克笔等。

（2）工具：剪刀、美工刀。

作业要求：

（1）版式设计需围绕现有的材料展开，可结合绘画进行丰富的表达。

（2）版式中可以进行各种实验的可能，打破常规的思维进行创意设计。

相关作业：以文字、图形作为版式主要构成元素进行版式设计练习，完成 A3 尺寸拼图作品 4 张以上。

2. 案例解析

学习排版有一种特别有趣的实践方式，只需要一把剪刀、一支胶棒、一叠报纸和期刊，浏览这些报纸和期刊，有目的性地寻找吸引你的文字和图片，将感兴趣的元素剪切下来，然后根据自己要表达的创意去任意地想象和编排。

剪切拼贴的版式设计要求学生围绕现有的素材进行加工设计。在拼贴过程中，可以将碎片的图形理解为"点"，将裁剪下来的一行文字理解为"线"，将大块的图形理解为"面"。学生可以根据版式设计的原则进行大胆地创意编排。

如图 2-1 所示的作品，版式设计主要以点和面的形式构成。画面中对呆板的图形素材进行碎片化处理，图形逐渐从实到虚进行了渐变处理。碎片的衣服肌理可以理解为飘落的"点"，完整的人脸可以理解为"面"，流动的点和静止的人物形象产生了动静的对比。在这个案例中，整个版面中如何控制点的走向，既能保持点的随意性又能准确地识别图形的轮廓是整个版式设计的重点和难点。

图 2-1　点、面构成（学生设计）

拼贴版面中线的构成可以是单独一行文字的排版，也可以用抽象的色块来表达。如图2-2～图2-10所示案例中，版面中的线形成了可以识别的空间。图2-2中，画面虽以常规人物形象为主，但是经过切割的线性处理使得图形更加生动，同时也减少了黑色在图形中的压抑感。版面中长短不一的竖线在画面中形成了丰富的立体空间。图2-6中，线的设计可以理解为一个面，也是支撑版面中人物身体造型的重要部分。

版面的空间可以通过多种方式进行表达。其中留白也是空间表达的一种方法。如图2-11中，画面采用中轴对称的方式，用撕扯的报纸文字营造了轻松的画面。版面采用了仰视的人物形象角度，大量的留白形成了富有想象力的视觉空间。图2-12中，版面以对角排版的方式进行，夸张的人物动作和放射形的线条形成了呼应的视觉空间。

图2-2 线构成1（设计者：周若茹／指导：钱金英）

图2-3 线构成2（设计者：马茜茜／指导：钱金英）

图2-4 线、面构成1
（设计者：朱一顺／指导：钱金英）

图2-5 线、面构成2（设计者：姜正／指导：钱金英）

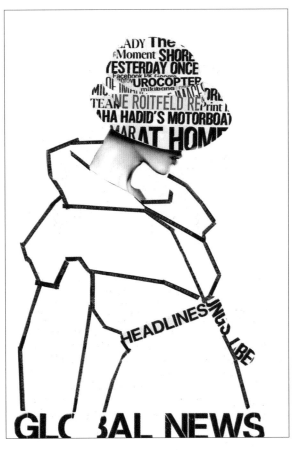

图2-6 线、面构成3（学生设计）

图2-7 线、面构成4（设计者：洪慧媛/指导：钱金英）

图2-8 线、面构成5（设计者：杜雪/指导：钱金英）

图2-9 线、面构成6（设计者：朱一顺/指导：钱金英）

图 2-10 拼贴版面
（设计者：莫雪雁 /
指导：钱金英）

图 2-11 空间版面 1（设计者：姜正 / 指导：钱金英）

图 2-12 空间版面 2（设计者：潘益菲 / 指导：钱金英）

3. 知识点

（1）探索版面的造型元素

点、线、面是构成版式视觉空间的基本造型元素。不管版式设计如何复杂，最终可以简化为点、线、面在空间中的运用。通过对点、线、面的组织我们可以设计出千变万化的版面。探索版式中点、线、面等基本元素的创造性运用，用点、线、面的元素以及黑、白、灰的对比关系来构筑丰富的版面空间效果。

1）点

点是指版面中细小的形态，它不仅只是指圆形，也包括其他细小的图案或形状。在版式的设计中，点的设计可以是一块细小的图形，也可以是一个细小的文字，因此在点的定义上具有一定的灵活性。在版面构成中，点的版式设计可以分为密集型和分散型等不同的风格。密集型的点构成要求点的数量众多，其中点的排布疏密要富有变化。而分散型的点构成常用分解等手法进行处理，画面中会有更多的随意性和变化性。

实践与探索：理解点在空间中的作用

①在一个较成熟的版面中，任意添加两个点图形，区别放置前后的差别。不同的点位置带来不同的版面平衡效果和视觉感受，如图2-13所示。

②找出优秀的版面设计中点的妙用之处。理解点在版面视觉效果中起到的作用。

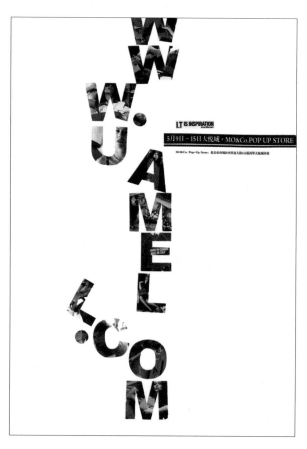

图2-13　点文字构成版面（设计者：孙丽娜 / 指导：钱金英）

2）线

线在设计创作中不仅具有位置、长度、宽度等属性，也有方向、形状以及情感等属性。例如直线给人简明醒目、刚强硬朗的感觉，曲线让人觉得柔美优雅、饱满圆润，抛物线具有速度感和韵律感等。因此，掌握好线的疏密、方向、曲折等属性，可以形成趣味的视觉体验（图2-14）。

线框是线的一种表达，在版式中经常被作为画面的辅助元素使用。线框是一种封闭的线条，对版面空间起到约束的作用，可以达到将零散的文字和图形进行整体化设计的视觉效果。线框在版面中具有"场"的作用，不同粗细的线框具有不同的视觉效果，细线框让人产生轻松和弹性的感觉，粗线框则让人产生被强调的感觉。在版式设计时，我们应注意线框的粗细形式，线框过粗会产生粗笨和呆板的效果，线框过细会缺乏整体感和统一性。因此，线框的粗细应根据不同的版面需求进行合理地设计表达，使画面精致、耐看。

3）面

面在版面中占较大的位置，可以由一组文字的密集排列组成，也可以由一个色块或者一个图形组成。面的视觉效果比点、线更为强烈。面在版面中占据了较大的位置，也通常是画面中视觉的焦点。在拼贴的版式设计中，我们通常先把握好面的形态设计，然后再细化到点和线的布局，这样才能控制住整个版面效果。

实践与探索：理解线在空间中的作用

①在A4尺寸版面中，用粗壮的黑块表示标题，用长短不一的细长灰块表示正文文字，将它们放置在画面中的不同位置，观察版面的不同效果。理解线在版面空间中的作用。

②理解粗细线框对版面效果的影响，理解线框对空间的约束。

图2-14 线文字构成版面（设计者：王宇翔/指导：钱金英）

图 2-15 线条空间版面（设计者：毛越男 / 指导：钱金英）

图 2-16 空间对比（设计者：林依楠 / 指导：钱金英）

4）空间

版式设计是一门与空间相关的学科。设计师们往往只注重其设计作品的图片、字体、插图等元素，但是为了动态地、有效地呈现这些图形元素，设计师们也必须重视和利用设计元素周围的空间。例如当线条和图形被引入一块空白区域时，空间就被激活了。

版面上不仅有文字和图形的罗列，而且也需要有间歇、有不同的色调层次、有空白，以满足读者的视觉审美需求。空间在版面中具有非常重要的作用。版面中可以通过不同的比例关系体现空间感，也可以通过不同色块的前后关系体现空间感。如图 2-15 中，画面通过人腿和背景线条的色调区分来体现空间的前后关系，视觉上呈现了丰富的空间层次。

图2-17　空间前后对比（设计者：洪慧媛/指导：钱金英）

图2-18　大小对比（设计者：周若茹/指导：钱金英）

（2）版式设计的基本形式法则

1）对比

对比要求我们在设计中要寻求变化以及打破常规，制造反差效果。对比在版面中的使用，包含了形态对比、色感对比、空间对比、质感对比等。对比会产生不同的视觉效果，如大小、粗细、明暗、远近、动静等不同变化。对比可以强调画面，突出主体，让人印象深刻（图2-16~图2-18）。

2）对称

对称以中线为基准，可以分为上下对称、左右对称、以原点为基准的散点放射形对称等不同形式。对称的版面给人统一、庄重的感觉。对称的画面要避免画面的呆板、单调，需在对称中寻求变化，形成生动的画面（图2-19）。

3）平衡

平衡是指利用版面元素让画面达到视觉上的平衡，使画面处于稳定的状态。平衡也是构图中对设计元素的一种视觉分配。平衡并非指在构图中形状的对等，而是量的对等。平衡让人感到安静感和秩序感，其分为对称型、不对称型、放射型等不同类型（图2-20～图2-23）。

4）节奏与韵律

节奏大多数和音乐有关，指的是声音和无声交替出现的一种现象。视觉领域中的节奏也是如此。韵律指的是版面按照一定的规律，形成有秩序的节奏感。韵律也可以是利用版面元素的交替变化来形成律动的节奏。节奏控制着布局的形式，赋予相关元素动态表现。韵律可以使画面形成诗意的格调，变化中得到统一（图2-24、图2-25）。

图2-19 对称（学生作品）

图2-20 平衡1（设计者：李锦洋／指导：钱金英）

图 2-21 平衡 2（设计者：缪扬茜 / 指导：钱金英）　　图 2-22 平衡 3（设计者：吴旭娇 / 指导：钱金英）

图 2-23 对称与平衡（设计者：沈蕾 / 指导：钱金英）

4. 设计实践

题目：拼贴作业

（1）按照主题，选择报纸、杂志等材料进行拼贴练习。

（2）对拼贴的元素进行加工和版面创作，要求画面丰富。

设计要求：

（1）翻阅报纸和杂志等资料，寻找版式中合适的点、线、面元素。以拼贴和绘画为手法，将点、线、面素材进行版式设计。作品中需要考虑版面的对比、平衡、韵律、空间、色彩等关系。

（2）版式设计中能体现出一定的感情因素，如喜悦、悲伤、积极、活泼等。

（3）结合版面形式法则，进行拼贴创意，要求完成在黑色或白色卡纸上拼贴练习 4 张，尺寸 A3（420mm×297mm）。

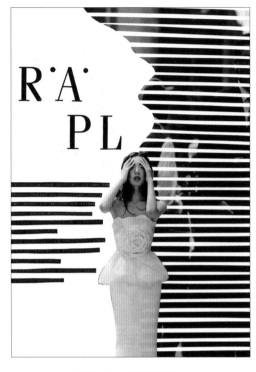

图 2-24 节奏与韵律 1
（设计者：赵伊倩 / 指导：钱金英）

图 2-25 节奏与韵律 2（设计者：陈骏 / 指导：钱金英）

2.2 探索文字表情

2.2.1 实验课题 1 字体性格表达

1. 课题要求

课题名称：字体性格表达

课题内容：版面与字体

教学时间：8 个学时

教学目的：

（1）让学生熟悉各种字体。

（2）通过对版面标题字和重点字的设计，使学生掌握版面中字体的艺术效果。

作业要求：

（1）版式中的字体设计需符合设计主题类型。

（2）围绕主题对标题字和重点字进行精心设计，设计的字体需有系列感和延续性。

相关作业：

（1）熟悉印刷常用的中文字库和英文字库。中文字库如华文字库、方正字库、汉鼎或汉仪字库（任选其一），掌握不同字体的笔画细节区别以及字体的使用方法。

（2）围绕一个主题，进行一系列字体的性格表达，如进行各级标题和重点字的设计，为后期版面的编排作准备。字体设计需要整体连贯性和统一性。

2. 案例解析

《成都记》字体设计

《成都记》是围绕对成都的考察印象展开的一系列设计作品。作品中有着设计师对成都的特殊记忆。文中描述到：成都是一个特别的城市，很多人形容成都为"成都是来了不想走的城市"。真正的成都，晴天少，阴天多，建筑和景致经常蒙上一层灰。成都不仅有吃喝，也有文人墨客，具有深厚的文化积淀。爱上成都，总有说不完的理由，有漂亮的姑娘，有飘香的火锅，有热闹的夜晚，也有安静的书吧，有复古的茶艺，也有现代的建筑。

为了摆脱以往对成都的传统印象，设计师在设计篇章文字的时候避开了传统的行书设计，精心设计了一套将传统和现代结合的字体。《成都记》标题字的设计融入了宋体和黑体的笔画，采用了连笔和断笔的表现手法。这种字体设计方法，可以让主题字前后贯穿，有行云流水般的感觉。统一的主题字穿插在手绘插图中，具有细腻而独有的味道。在此套字体设计作品中，尤其需要注意标题字内部笔画空间的布局，避免设计过度拥挤或过度松散（图 2-26 ~ 图 2-28）。

图 2-26 《成都记》字体（设计者：朱婷婷 / 指导：钱金英）

图 2-27 《成都记》明信片 1
（设计者：朱婷婷 / 指导：钱金英）

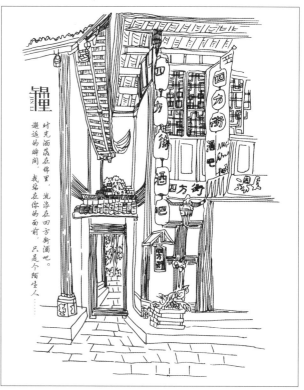

图 2-28 《成都记》明信片 2（设计者：朱婷婷 / 指导：钱金英）

3. 知识点

文字不但是阅读的核心，具有传递信息的功能，同时文字本身就是一种艺术风格的表达。文字是版式中的重要构成元素，可以形成俊秀、浑厚、奔放、柔和等具有鲜明特色的风格。版式中不同风格的字体设计可以增加画面的艺术效果。

版式设计中的文字元素主要包括标题字和正文。标题字和正文有着明显的区别，标题字通常内容短小精炼，引领文章的阅读，也是初次阅读时视觉停留最多的地方。正文是整个版式文字的主体，内容详细丰富，阅读时需占用大量的时间。

在以往的版式设计学习过程中，我们特别强调整个文本的全局排版，而标题字只是挑选一些字库字体。这样的设计虽然快速，但是总让人感觉粗糙，缺乏生动。一个优秀的版式作品，仅仅靠对正文的布局是不够的，标题字和重点字的设计也是设计过程中必不可少的一个环节，因为这是最能体现作品细节和精髓的地方，因此，我们更需要花些时间去精雕细琢（图2-29、图2-30）。

（1）增强标题字的艺术效果

1）字体的图形化设计

版式中字体的图形化设计是为了彰显个性。主题字和标题文字是版面中的重要结构文字，起到引导阅读的重要作用。标题字的设计不仅需要体现一定的意义和内涵，也要体现一定的情感和气质。主题字的设计不仅需要设计得优雅美观，同时也应具有识别性，不能过于花哨，也不能脱离主题。

在进行字体设计时，初学者可以根据某一印刷字体进行再设计，如可以选择宋体中的一种字体，采用笔画的变化、错位等方法进行二次设计。创作的字体通过调整字体中笔画的粗细来增加艺术感。这种方法较为常规，也较为容易掌握，但是稍微缺乏生动性。

字体的图形化设计是字体设计的常用手法。设计师不仅需要对字体的固有结构和笔画下功夫，同时也要对字体的寓意进行了解。字体中融入的图形元素需根据文字本身的含义进行想象，图形

图2-29 《夏天》字体
（设计者：卢舒怡/指导：钱金英）

图2-30 《文艺复兴的熊孩子》字体
（设计者：余茹晴/指导：钱金英）

化表达应造型简洁、抽象，具有一定的识别性，吻合文字的内涵，并能与插图相得益彰。

图形化的表现手法多样化，可以运用共用、替换、连笔断笔等不同的技法。共用是指一个形体被两个形体共同使用。汉字由笔画线条构成，里边的笔画都有着"弹性"和"张力"，具有强烈的构成感。我们可以单纯地从图形构成角度出发，寻找笔画和图形之间的联系和共同点。替换是指在汉字笔画中，删减局部的笔画结构，用图形化的语言替换。形象化的文字可以使汉字更有艺术感染力和生命力。在图 2-29 的《夏天》封面字体设计中，围绕夏天的联想，将云、雨等天气抽象的元素并结合浅蓝的色彩融入到"夏天"汉字中去，马上便让人联想到夏天的云淡风轻，富有诗意的感觉。这样的文字图形化设计可以使字体更加生动活泼。

2）手写字体的运用

手写字体相对于传统的印刷字体在表现时个性鲜明，风格独特，更具有感染力。手写字体通常给人的感觉是生动、灵活，富有较强的艺术感。因手写字体风格自然，常常被运用到一些轻松的主题中（图 2-31），如个人传记、民俗读物、儿童绘本等。

手写字体主要包含书法字体和各种手绘字体等形式。书法字强调文字的审美性和文化性，强调人文情感和本土化的回归。在传统类主题的版式中，标题字的设计经常运用书法字来表达意境，以此来增加设计的韵律感和节奏感，同时也富有东方神韵之美。

手写字体的表达也是增强标题字的艺术效果的良好方法。手写字体强调的是字体的随意性，给人带来轻松的感觉，但是这种字体的表达需要设计师具有一定的美学功底，能准确地控制字体的结构和形态。手写字体的设计表达也应保持字体的识别性，避免字形的过度松散和凌乱。这些都要求设计师对字体的设计具有一定的控制力。如图 2-32，《布达佩斯大饭店》是一部电

图 2-31 《布达佩斯大饭店》手绘字体（设计者：刘芙源/指导：钱金英）

影的介绍，书名的字体设计前期草稿采用手绘，线条丰富生动而不凌乱，令人耳目一新。后期书名实物制作时根据草图的形态进行自然肌理的喷涂，让人有种回忆的感觉，这种设计效果也很好地贴切了回忆的主题。

（2）保持标题字的统一性

在同一出版物中，标题字的字体设计应保持风格的统一性和连贯性。统一、有序的字体设计可以增强设计的流畅性和节奏感，提高文字的视觉识别度。对同一主题同一层级的标题字，很多设计师往往认为只要是标题字，设计的越多样越好，艺术感也越强，然而这样的设计方法只会造成前后风格的不统一，让读者翻阅时产生混乱的感觉，影响对文字信息的阅读。

保持标题字的统一性需要设计师总结设计思路，掌握设计的规律和特征去延续设计方案。系列化的字体设计指的是造型特征、形体、大小、色彩的相似和相近，这种设计方法既可以带来多样的美，又有统一的整体秩序美，方便识别和记忆。

图2-32 《布达佩斯大饭店》字体质感表现（设计者：刘芙源/指导：钱金英）

4．设计实践

（1）题目1：收集情感字体

走出教室，收集生活中的各种字体，分析字体的情感表达，熟悉不同字体的性格和情感语境。

设计要求：

1）收集生活中各种字体，要求记录20种以上生活中的字体。收集的字体可以是招贴字体或者商品包装字体，也可以是户外广告等，熟悉不同载体上表现的字体。

2）收集的字体要表现丰富，能体现材质更佳。分析字体的情感特征。

（2）题目2：字体性格设计

设计要求：

1）打印中文字库和英文字库中常用的字体，熟悉各种字体的笔画特征。打印在A4纸上3张以上。

2）选择一个主题对标题字和重点字进行字体性格创意设计，为后期的文字排版作准备。字体设计方案不少于5款。

3）把握字体的性格特征，要求设计的字体具有一定的识别性和记忆度。

优秀字体设计如图2-33、图2-34所示。

图2-33 "芳泽"字体草图（设计者：陈骏／指导：钱金英）　　图2-34 "芳泽"字体正稿（设计者：陈骏／指导：钱金英）

2.2.2 实验课题2 文字情感表达，版面再创

1. 课题要求

课题名称：文字情感表达，版面再创

课题内容：文字版面排版

教学时间：8个学时

教学目的：对字体进行感性分析，对版面中的文字进行层级处理和全局编排，设计出符合版面特征的艺术作品。

作业要求：

（1）版式中的文字不仅具有识别功能，也应根据主题内容来进行编排设计。

（2）了解版面的文字素材内容，分清版面的文字层次关系。

（3）版式中根据不同的文字内容进行层级的设计，提高阅读的舒适度。

相关作业：选择主题进行文字版面编排设计，要求设计4P以上。

2. 案例解析

（1）《别拿鸡毛当令箭》画册设计

基于当今社会是一个忙碌、高速运转的社会，大家都为了美好的生活而努力工作，但是在高效的工作生活中难免会使同事间出现一些小摩擦，人性多面就会随着相处时间的增加而逐渐浮现。身边会存在着这么一类人，他们喜欢凭着某人的一些无关痛痒的话去命令别人做这或做那，用骄傲的口气指使这个指使那个。因此《别拿鸡毛当令箭》作品中反映了当今社会的这样一些问题（图2-35）。

图2-35 《别拿鸡毛当令箭》字体（设计者：洪玲／指导：钱金英）

设计师觉得故事书不能只是一本书，更应该是一种艺术，如果内容的表达方式只停留在纯文字的形式上，则不够形象生动，缺乏画面感，从而影响阅读的愉悦感，因此画册大量采用了图文结合的表达方式。书中的字体被大量地创作成了绘画式的字体表达方式。从前期的手绘到后期的电脑制作，设计作品都进行了精心的编排（图2-36～图2-39）。

图2-36 《别拿鸡毛当令箭》字体与版面1（设计者：洪玲/指导：钱金英）

图 2-37 《别拿鸡毛当令箭》字体与版面 2（设计者：洪玲 / 指导：钱金英）

图 2-38 《别拿鸡毛当令箭》字体与版面 3（设计者：洪玲 / 指导：钱金英）

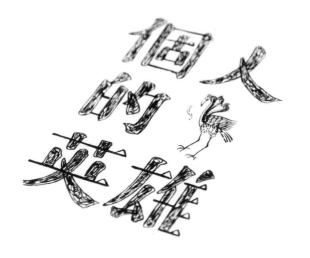

图 2-39 《别拿鸡毛当令箭》字体与版面 4（设计者：洪玲 / 指导：钱金英）

（2）《日晷》画册设计

日晷，本义是指太阳的影子，也指中国古代利用日影测得时刻的一种计时仪器。"日晷"的取名反映了二十四节气的主题内容。版面中侧重于对于不同节气的字体设计的创意表达。版面中的文字设计是整个版面的核心设计要素，文字的设计编排不仅传达了节气的内容，同时表现了质朴的古风。

图2-40 《日晷》字体与版面1（设计者：魏上升/指导：钱金英）

　　《日晷》版面字体设计结合了材料和肌理的效果。单个画面中节气字体的表现也具有美感，可以作为一个单独的海报进行使用。版面中设计精细，层次分明（图2-40～图2-42）。

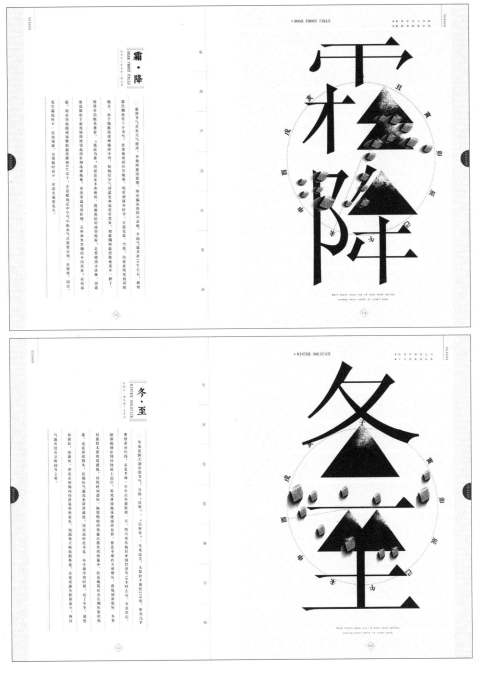

图2-41 《日晷》字体与版面2（设计者：魏上升 / 指导：钱金英）

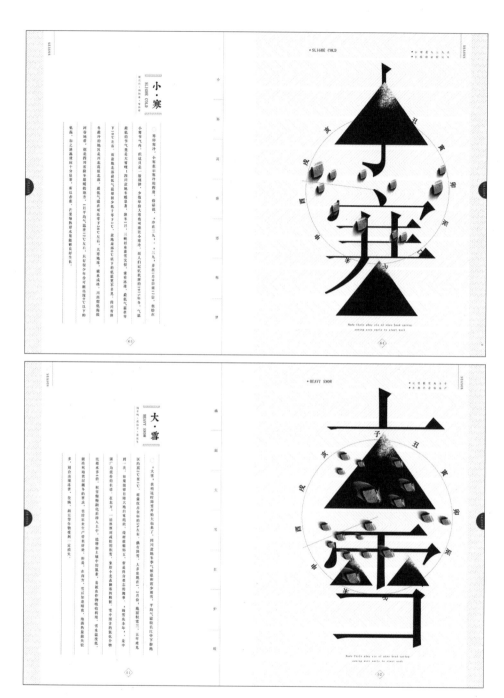

图 2-42 《日晷》字体与版面 3（设计者：魏上升 / 指导：钱金英）

3. 知识点

在设计中，文字的角色是传达内容，但文字也可以将情感融入于设计之中。版式设计中文字信息量大，内容繁多，是编排中最需要耐心和细心的一个工作。在编排中，可供选择的中英文字体的种类繁多，设计师在排版时，应了解字体的特征，围绕主题来选择清晰又有表现力的字体。

（1）提高版面文字阅读的舒适度

在版式设计中，不仅要考虑文字记录的信息内容，还要考虑文字如何设计才能让读者阅读更加方便和愉悦。控制版式中文字层次是提升文字阅读舒适度的最好方法。如版面中的标题文字应突出醒目，让读者一目了然，正文文字应控制好字体、字号、间距的大小，方便长时间大量地舒适阅读。

在实际操作中，电脑软件中的字号大小和实际印刷的字号大小存在着明显的差别。在软件中24磅的字号作为正文在显示时能清晰可见，非常舒适，但是这样的字号在实际印刷中却可以作为一级标题使用，而正文通常使用的字号是8~9磅。

通过定义层次感，设计师能掌控读者视觉焦点的运动轨迹，提高阅读的舒适感。在排版中应提炼文本信息元素，归纳出哪些是标题信息，哪些是正文信息和标注信息。根据不同的层级需求，设置每一级别的字体类型和字号大小。如一级标题使用24磅的方正粗宋字体时，二级标题可以使用18磅的方正中宋字体，正文可以使用9磅的华文细黑字体，而图注和页边的设计可以使用6~7磅的华文细黑字体。这样的字体设计可以丰富排版的层次，也能方便阅读。切忌在同一版面中一种字体使用到底，否则会使画面单调、乏味、缺乏清晰的视觉层次。

实践与探索：

提供一个主题文字信息，要求至少用两种以上的字体将文字进行组织设计，版面中需体现文字的粗细变化。设计时需要根据信息的重要性进行层级设定。版式设计要求有节奏感。

优秀版面设计如图2-43所示。

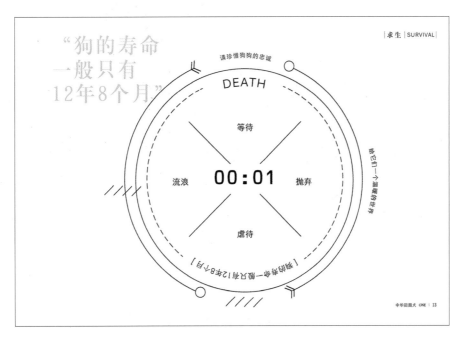

图2-43 《共生》内页文字排版（设计者：陈迎夏／指导：钱金英）

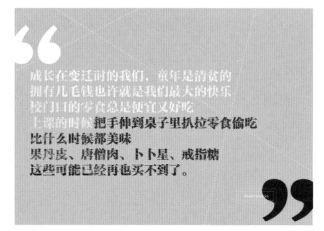

图 2-44 《时光机》内页 1（设计者：朱佳琪 / 指导：钱金英）

（2）对文字进行全局编排

1）文字编排方式

在版式编排中，常见的文字编排可以分为左对齐、右对齐、中间对齐等不同方式。

左对齐或右对齐

左对齐或右对齐的排列方式，是指文字组合成长短不一的直线全部向左边对齐或者向右边对齐的方式。这种对齐方式会在行首出现一条明确的垂直线。左对齐或右对齐的文字设计方法，具有一定的秩序感和节奏感。其中，在版式设计运用中，左齐是最常用的排版方式，因为符合阅读的视觉流程，和大家的阅读习惯相吻合。右齐在版式中出现的较少，偶尔恰当地使用也可以增加版式的新鲜感。如在招贴设计中，右齐的文字经常会贴合画面的右边边线进行设计来增加新颖的视觉效果（图2-44、图2-45）。

中间对齐

中间对齐的文字是以中心线为轴心，两边的文字字距相等的排列方式。中间对齐的文字从上到下，每行的长度不一，在版面上形成了特有的诗意节奏。其主要特点是视觉效果更加集中，更能突出主题。但是中间对齐的文字不太适合大量编排正文，阅读久了，容易让读者产生视觉疲劳。中间对齐排版更适合用于招贴、明信片等单独页面的设计，可以形成格调高雅，简洁、大方的效果。

2）文字排版风格

根据主题风格的定位，文字的排版有横式和竖式的区分。横式排版是版式设计中最为常用的文字排版方式，阅读方便，操作简单。竖式排版文字从右至左排布，一般被运用于较为传统的主题，虽然阅读麻烦，但是风格独特。如"中国风"式的版式，运用竖式排版会更有味道。竖式排版

图2-45 《时光机》内页2（设计者：朱佳琪／指导：钱金英）

注重画面的留白和意境，设计考究，如恰当使用则能很好地烘托复古的韵味（图2-46）。

　　利用文字编排形式，对多个页面进行全局排版充满了挑战。对文字的全局编排，我们应做到统一而富有变化。不管是横式和竖式排版，版面应根据设计作品的风格进行巧妙地设计。

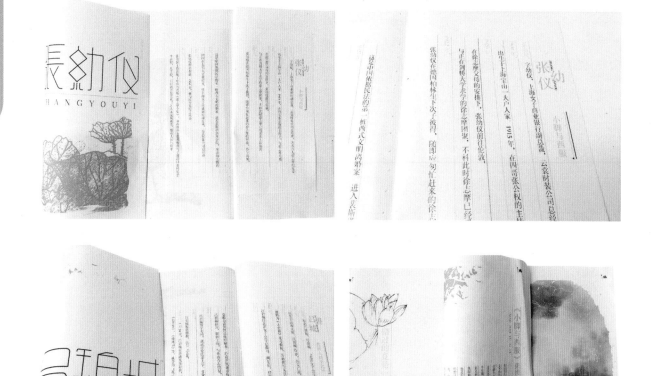

图2-46 《女人书》书籍（设计者：余文婷/指导：钱金英）

4．设计实践

题目：文字编排设计

设计要求：

（1）使用常用绘图软件（如 Ps、Ai、Cdr、Id 等），以同一字体为标准（如黑体"青年"为标准），打印不同的字号。如在 A4 纸上打印 6、7、8、9、12、16、19、32、36、42、56、60、72 等不同的字号 1 张，对比不同字号字体高度和大小的变化。

（2）收集优秀的折页或者画册，对照打印的字号表和字库表，将折页和画册上的文字标清字号大小和字体类型。熟悉字体、字号的运用。

（3）结合标题字的设计，将版面文字进行系统地组织编排设计，使版面文字和谐有序。要求设计4P 以上。

优秀版式设计如图 2-47 所示。

图 2-47 《门神》书籍版式（设计者：章旭通 / 指导：钱金英）

2.3 图形与版面的相遇

实验课题 图形情感，主题再创

1. 课题要求

课题名称：图形情感，主题再创

课题内容：版面与图形

教学时间：8个学时

训练目的：

（1）通过完成版式中的插图设计，了解插图在版式设计中的重要性。

（2）明晰插图风格和版面风格之间的关系。

（3）灵活掌握不同插图的比例大小在不同版面中的运用手法。

作业要求：

（1）对插图和文字素材进行版式设计，合理考虑图形和内容的关系，设计出灵活自由的版面。注意版面插图的比例和构图。

（2）要求插图的编排设计能在版面中达到和谐和韵律感。

相关作业：根据文化类的主题，手绘插图3幅以上。选择感兴趣的图片素材进行加工处理，图文并茂地进行版面设计。

2. 案例解析

（1）《驴行者》画册设计

"驴客"是对户外运动爱好者的称呼，来源于"旅"友和"驴"友的谐音。"行"是指行走、出行，驴行者一般指的是徒步或骑自行车出行的旅游者。《驴行者》旅游画册设计，是基于当今社会是一个追求个性化的社会，而旅游也要追求个性化，尤其是时间充裕的年轻人和资金充足的都市白领，他们往往就是敢于开拓创新的"背包族"，或者可以是"驴客"。他们不再满足于单纯的、重复式的、毫无生气的观光游，而是把眼光放得更长远，追求更加富有个性化甚至是独一无二的旅游方式。

图2-48 《驴行者》画册内页1

（设计者：史梦娜/指导：钱金英）

读图时代，纯文字或是纯图形的版式设计始终缺少一些生气。旅游类图书的设计对版面的要求更高，画面中不仅需要摄影图的运用，也需要生动的手绘插图和文字的灵活穿插，甚至是不同版面尺寸的长短不一的变化。《驴行者》旅游札记强调了个性，在版式设计上和其他自助游的书籍也有所不同。如何设计的既精致漂亮，又能提供可靠的旅游信息，使插图和文字浑然一体，是《驴行者》画册中考虑的重要方面（图2-48～图2-51）。

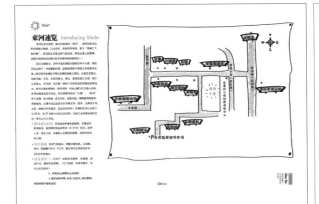

图2-49 《驴行者》画册内页2（设计者：史梦娜 / 指导：钱金英）

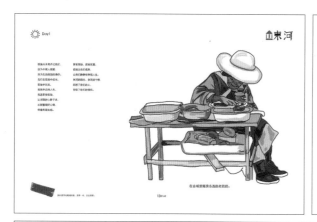

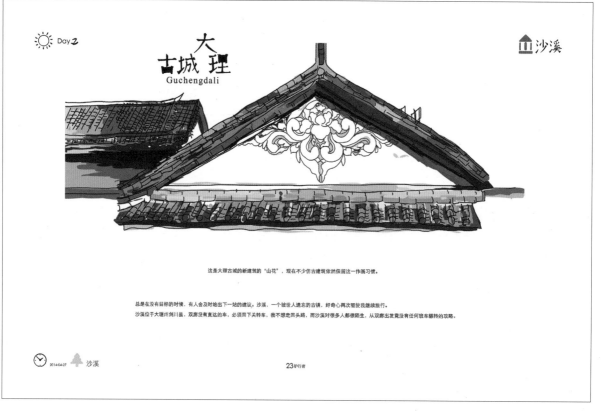

图 2-50 《驴行者》画册内页 3（设计者：史梦娜 / 指导：钱金英）

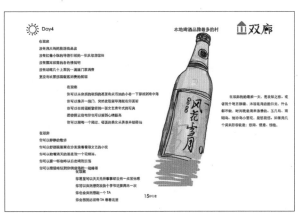

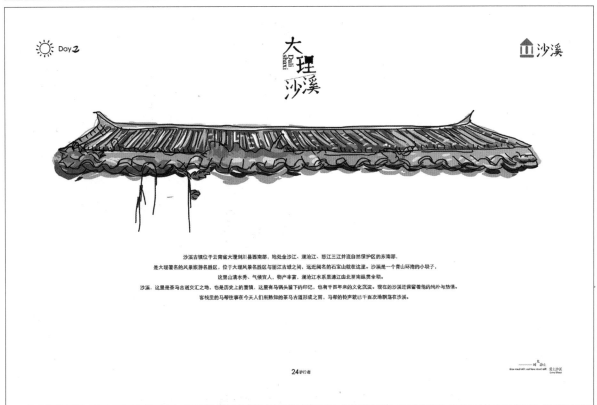

图2-51 《驴行者》画册内页4（设计者：史梦娜 / 指导：钱金英）

（2）《梦猫人》画册设计

《梦猫人》画册以收养的猫咪为主题，开启梦猫的旅程。文中通过观察猫咪的日常生活行为，解析猫咪的生活习性，并倾诉着人和猫的情感。文中经常出现的黑猫，有个不相称又奇怪的名字叫"彩条"，设计师通过喂养它、训练它，进行情感的交流。文中无处不透露出"幸福像只猫"的淡淡的情感。整个画册以时间为线索，以黑猫为角色进行全局的设计。

画册的设计包含 32 个页面，以经折装的方式进行装订，外部的函套设计以猫的剪影为主要形象，画面简洁、淡雅。整个画册以拍摄猫的场景为素材，以猫的形象为主题，整体成册。画册色调以黑白为主，利用颜色的浓淡塑造空间感，以明暗来突出品质感（图 2-52、图 2-53）。

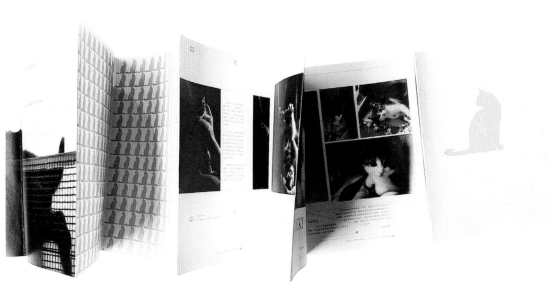

图 2-52 《梦猫人》画册设计 1（设计者：顾问 / 指导：钱金英）

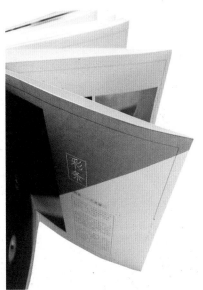

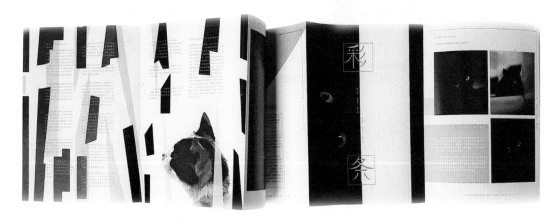

图 2-53 《梦猫人》画册设计 2（设计者：顾问 / 指导：钱金英）

3．知识点

图形是版面中重要的素材，也是增强版面可读性和趣味性的方法之一。版式中的图形可以是照片也可以是手绘插图等。合理处理版面中的插图，掌握图形的表现形式是控制整个版面的重要步骤之一。

（1）选取合适的图形信息

图文信息一般都是非常零散的，在编排前就需要设计师自行分析和归纳，为正式的排版做好一切准备工作，特别是对图片信息的整理，不仅要确定图片信息是否与内容相吻合，还需要查看和调整图片的色彩、明度、对比度等是否符合要求。

很多初学者在排版时，经常忽视这个环节，往往会把更多的注意力放在后期的全局编排中。这样印刷出来的设计作品往往和电脑屏幕显示的图片效果相差很大，图片质量较差，阅读的视觉效果不够精美。如果遇到图片质量不高时，设计师还需要对图片进行精修处理。如在 PS 软件中，曲线命令是常用的调整图片亮度的工具，也是处理图片使用最为频繁的命令之一。

图 2-54　裁剪图片版面（设计者：傅艺璇 / 指导：钱金英）

图 2-55　分割图片版面（设计者：叶卫东 / 指导：钱金英）

准备的图像尺寸较小,图形数量较少怎么办?

当我们在排版时,最为棘手的是遇到那些技术上有瑕疵的图片出现,如图片数量太少或图片的尺寸过小。通常,图片的数量过少可以通过绘画一些相关插图元素来丰富版面,而图片的尺寸过小情况可以通过软件的处理来弥补,如将精度低的图片进行裁剪、分割和镂空的创意处理来增加版面的图形率(图2-54、图2-55)。利用现有的局限素材进行设计不仅是版式设计的一个重要环节,也是考量设计师设计功底的一个重要依据。

(2)不同的主题,版面的插图表现形式也不一样

版式的插图在形式上给予读者很大的想象空间,相比文字的设计,它更为直观和生动。图形的表达可以分为多种形式,如抽象、摄影、手绘、电脑绘画等多种形式语言。在一个出版物中,思考图形元素的形式和风格是设计师必须要考虑的事情。如绘画插图可以充分地体现个性,自由随意的笔触可以增强艺术的感染力,其表现技法不限,可以水彩、马克笔、彩铅等多种方式。虽然绘画插图的设计耗时较多,但艺术效果更加明显和突出。如图2-56,在画册《在肥西》的图形设计中,图形运用了手绘速写的形式,表达细腻生动。

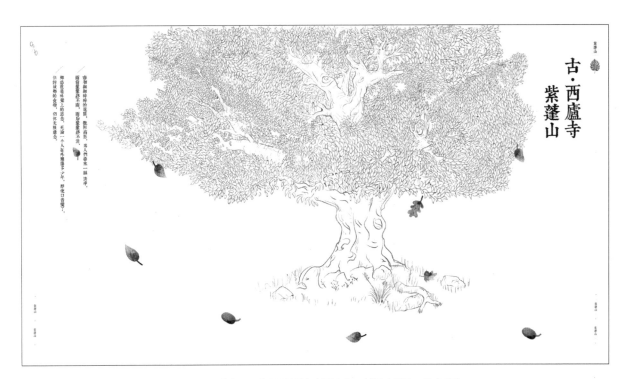

图 2-56 《在肥西》画册设计(设计者:刘丹 / 指导:钱金英)

　　摄影图形也是设计师最喜爱表达的插图方法之一。摄影相比于手绘具有自身的特点，其真实可信。摄影图片可以运用原图来进行排版，也可利用绘图软件处理后进行排版。如图2-57，《西嬉》画册的设计中运用了电脑处理的手法使画面增加了质感和艺术感。而摄影图片通过单一色调的特殊处理也可以使画面具有独有的味道。如图2-53《梦猫人》画册的设计，整套图形设计大量地采用黑白色调，非常大胆且具有个性。

　　不同的图形表现形式可以运用到不同主题的出版物中。如游记和儿童读物中可以大量运用手绘插图元素，增加图形趣味性和生动性，而科普读物等可以通过摄影图片的运用来增强设计作品的直观性和说服力。

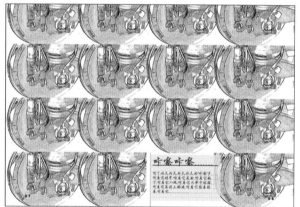 

图2-57 《西嬉》画册设计（设计者：潘宇辰/指导：钱金英）

图 2-58 《你喔》画册设计（设计者：徐梦瑾 / 指导：钱金英）

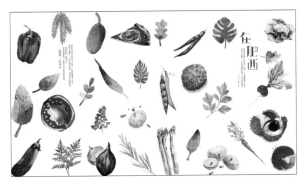

图 2-59 《在肥西》内页设计（设计者：刘丹 / 指导：钱金英）

图 2-60 《山海经》画册设计（设计者：徐斌璐 / 指导：钱金英）

（3）众多的图片合理地设计摆放

图形作为编排中突出的元素，在视觉冲击力上远远超过文字的表达，它在排版中与色彩和造型有着紧密的联系（图 2-58~图 2-60）。尤其是当众多图片出现在同一画面中时，控制图片的统一性显得尤为重要。这种控制不仅包括对图片色调和谐度的控制，也包括对图形大小的控制，以及对版面空间和留白的控制。如图 2-59 中，画面中选取的图片元素以植物为主，主体上色调以绿色为主，红色为辅，在视觉上达到了良好的统一，空间上看似随意的图形布置也给画面增加了灵活性。

在编排中，众多图片的全局处理也是至关重要的。对图形的设计，不仅包含对图片本身的处理，也包含图形与图形之间关系的处理。是否保持图形之间的间隙距离的统一性，或是强调某一图形的视觉效果是设计师在设计构图时应深思熟虑的一个问题。

4. 设计实践

题目：版面与图形

根据文化类的主题（可以是民俗、传统文化、游记、生活、动物等不同方向），任意选择感兴趣的图片素材，进行版式设计。

设计要求：

（1）要求根据主题内容进行相应的插图设计，插图数量不少于 3 幅，表现形式不限。

（2）对插图和文字素材进行版式设计，合理考虑图形和内容的关系，设计出灵活自由的版面。版面尺寸大于 10cm×10cm，精度 300dpi。

2.4 版面的整体设计

版式设计中的整体设计思维是要求学生能对设计的元素、信息进行视觉化的综合考虑。从设计的寓意、取名等开始，要求学生能对设计的各个步骤进行清晰的熟悉，理解版面的风格走向，熟练各种表现手法，设计出符合主题内容的版面。

2.4.1 实验课题1 版面情感，主题再创

1. 课题要求

课题名称：版面情感，主题再创

课题内容：主题与版面

教学时间：8个学时

教学目的：

（1）通过完成版式设计的各个步骤，熟悉版式设计的整个设计过程。

（2）清晰版面编排和各个设计风格之间的关系，掌握各种风格的版面表现语言。尤其要求学生能理解传统风、现代风以及传统与现代结合风格的形式语言的区别。

（3）重点理解版式风格的定位以及掌握相应的形式语言。

作业要求：

（1）要求运用版面设计的形式法则，把握好版面中点、线、面的关系。

（2）版式设计时应考虑设计的风格，设计出与主题内容相一致的版面。

相关作业：根据文化类的主题（可以是民俗、传统文化、游记等不同方向），进行版面整体设计，要求设计16p以上。

2. 案例解析

（1）《半斤八两》书籍设计

"半斤八两"，旧制一斤为十六两，八两刚好是半斤。半斤与八两二者轻重相等，比喻彼此不

相上下，实力相当。其名字的渊源可以追溯到秦朝，有着近千年的历史，恰好符合本书想要的历史感。这本书的内容主要讲述正处于消亡状态的传统杆秤手工艺，力图用传统的东方韵味来展现这种传统的手工艺，同时是为了纪念曾经或是现在仍在为生活疲于奔命的小生意人们。希望通过设计，本书能够使人们忆起曾经的青春岁月，更深刻地记住杆秤这一传统手工艺，了解它，宣传它，使其能够得到延续和传承。现今以传统文化为主题的书籍设计还是较少的，设计精良的更是少之又少。因此，对传统文化题材的版式设计思考显得尤为重要。

从设计定位开始，《半斤八两》书籍整理了设计过程中所需的文字和图形等各种元素，充分地完成了设计准备工作。书名字体采用了文字组合连笔的处理手法，局部又对笔画进行了图形替换，这使得字体形态更加生动丰富（图2-61、图2-62）。

图2-61 《半斤八两》书名字体草图
（设计者：祝旭红/指导：钱金英）

图2-62 《半斤八两》书名字体正稿
（设计者：祝旭红/指导：钱金英）

《半斤八两》书籍的设计从书名字体、章节字体、插图、版面的编排、线装制作都进行了整体的思考。设计作品从内容到形式都透露着斑驳、素雅的文化气质，凸显了杆秤文化的悠久历史。

《半斤八两》书籍在版面编排中选用以宋体为主体的文字编排，版面灵活，用色古典，整个设计符合"中国风"的版面意境（图2-63～图2-67）。

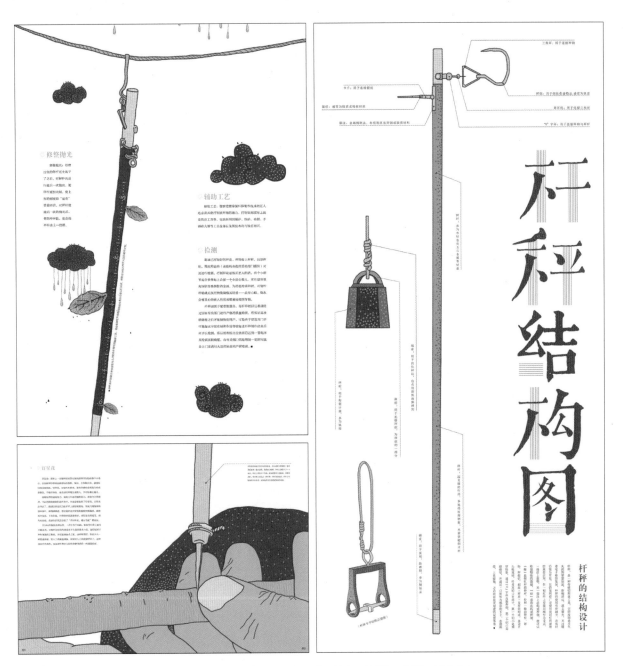

图 2-63 《半斤八两》字体和版面（设计者：祝旭红 / 指导：钱金英）

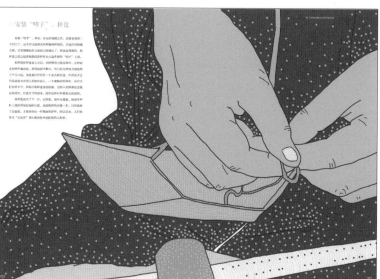

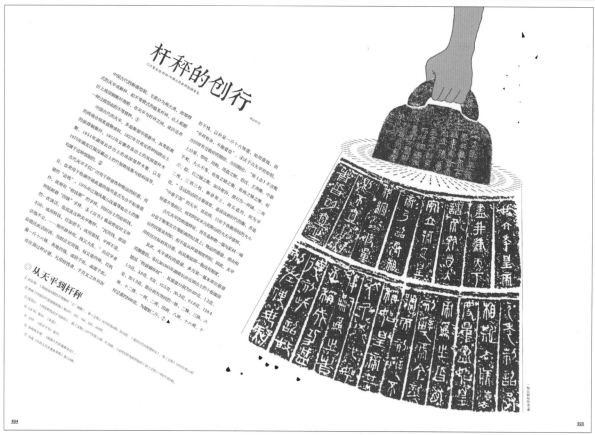

图 2-64 《半斤八两》内页 1（设计者：祝旭红 / 指导：钱金英）

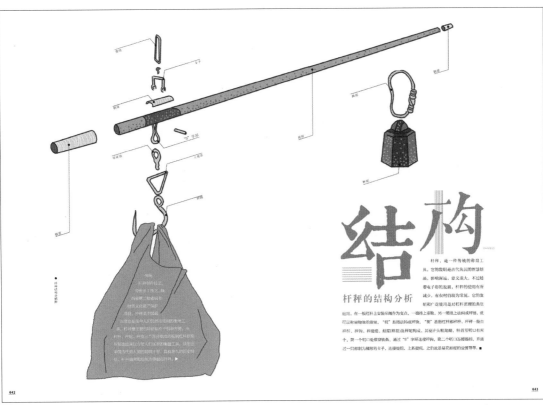

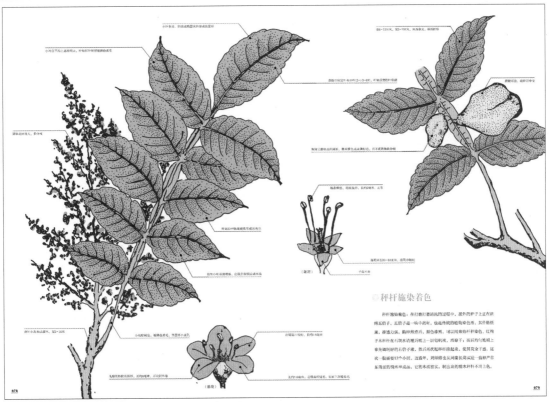

图 2-65 《半斤八两》内页 2（设计者：祝旭红 / 指导：钱金英）

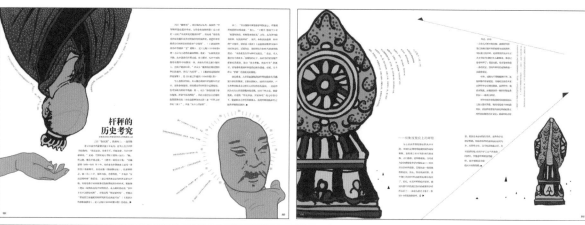

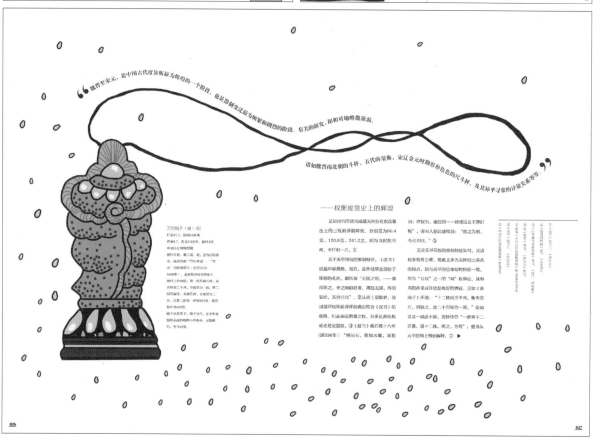

图 2-66 《半斤八两》内页 3（设计者：祝旭红 / 指导：钱金英）

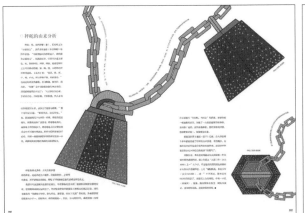

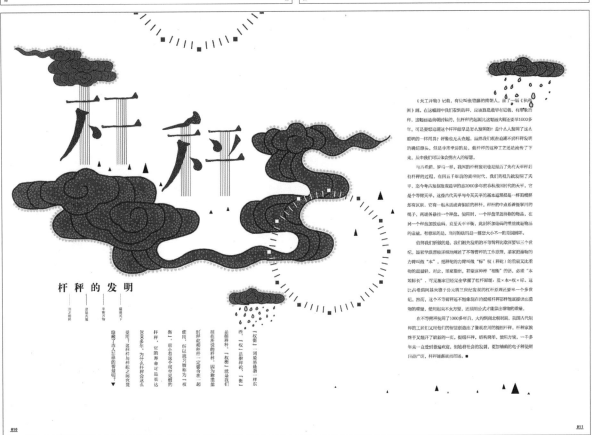

图2-67 《半斤八两》内页4（设计者：祝旭红 / 指导：钱金英）

随着现代社会的不断发展，可用来制作书籍的材料越来越多。我们应从实际情形出发，针对主题对材料加以选择和利用，从而挖掘出与其相适应的内在美。《半斤八两》书籍从版面设计到装帧设计，都是从"中国风"的角度进行思考定位的。书籍在装帧上采用传统的包背装，书函采用木质盒子进行包装，透露着中国传统的文化韵味（图 2-68）。

图 2-68 《半斤八两》装帧设计（设计者：祝旭红 / 指导：钱金英）

（2）《迷雾森林》画册设计

《迷雾森林》是一本介绍梦想的画册，版式设计趋向于现代的风格。整个作品色彩对比鲜艳，运用大胆的色块，如玫红、纯蓝等。版面中运用了大量的矢量几何元素，如三角形、波浪线、波点等贯穿于整个设计。风格大胆，具有新意（图2-69~图2-71）。

图2-69 《迷雾森林》版式设计1（设计者：林芬芬 / 指导：钱金英）

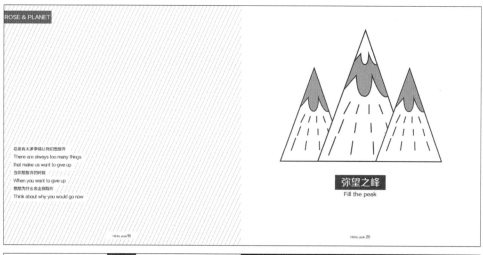

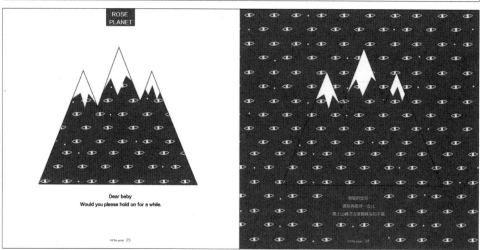

图 2-70 《迷雾森林》版式设计 2（设计者：林芬芬 / 指导：钱金英）

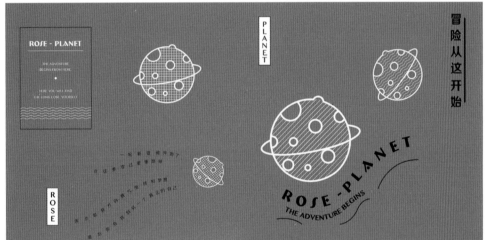

图 2-71 《迷雾森林》版式设计 3（设计者：林芬芬 / 指导：钱金英）

3. 知识点

版式的整体设计要求在有限的空间里，把版式构成的各要素——文字、图形、色彩、结构等诸要素，根据特定的内容需要进行组合排列，按照美的形式法则用视觉化的语言进行表达。设计师一定要把握好尺寸和布局，平衡好每个元素，才能方便读者阅读作品，并领悟到你想要表达的思想。

在版面的设计中，版面的表现形式应以内容为依据。根据内容元素信息的不同，版面可以确定不同的设计风格，表现出不同的格调。如果版面的形式和内容不符，会造成读者的误解。如中国传统文化和民俗方面的题材，可以考虑中式传统的版式设计，引起读者的共鸣。如少儿卡通读物的版式设计，以插图表达为主引起小朋友的兴趣，色彩应鲜艳，风格上应设计的轻松、活泼。

（1）深入主题，确定整体设计格调

版式设计从构思到实物制作，包含了设计主题的确定、版式结构形态的思考、版式设计，以及材料工艺等一系列设计，是一种创造版式整体视觉形象的设计活动。版式的格调基本确定了版式设计的方向，也对版式的内容和字体及插图的风格具有指导意义。

在立意构思阶段，应多画草稿，反复筛选和对比，抓住设计的风格，选择一个合适的设计方案进行方案展开。

（2）版式设计形式和内容的统一

一个好的版式设计无论是在内容上、设计风格上，还是表现形式上，都渗透了设计师想要表达的情感。版式设计师是从"皮肤"到"血肉"四次元的有条理的视觉再现。作品的版面表现也是富有诗意的感性创造和具有哲理的秩序控制过程的完美结合（图2-72）。版式设计应避免图形符号与主题的脱节，达到形式和内容的统一。

图2-72 《衣冠禽兽》画册（设计者：凌边娇娜 / 指导：钱金英）

如何把握"中国风"版式和"现代风"版式?

面对现今"速食文化"的兴起,以及各类畅销书的争相竞争,传统文化类出版物始终落于下风,然而相比之下传统文化类的出版物才更能传递出深刻的情感,引起人们的共鸣。传统文化出版物的版式设计,不仅需要我们在传统的基础上创新,在表现技术的同时融入人文关怀,更需要注入新的内容去冲击人们的视觉感官,唤起人们对传统的关注。

"中国风"在设计时,字体选用会更加倾向于宋体、楷体等传统字体,体现古朴和韵味,而"现代风"在字体选择上会更多地选用规整的黑体系列来表现简洁和力量。在版式上,相比于现代风,传统的版式更加侧重对文化元素的合理选用,画面上更加注意留白的空间表达。留白和意境表现也是"中国风"的精髓所在。在装帧上,"中国风"会倾向于传统的装帧手法,如包背装、锁线装订等(图2-73)。

"中国风"相对于"现代风"在形式上更加注重追求设计的内在气韵,对传统文化的汲取和灵活运用。而"现代风"的版式更倾向于浓烈的色彩和夸张的形式,重理性、重明晰的艺术形式。

图2-73 《异》画册(设计者:吴苹婷/指导:钱金英)

（3）丰富版式设计实物造型效果

一个好的版式设计作品不只局限在电脑上进行呈现，也应拓展到实物的造型视觉效果上。好的作品往往在构思时就已经把最终成品的结构、创意、制作融入到版式设计的设计过程中去。有很多人往往有这样的误区，把版式设计理解为是电子显示的视觉效果，而忽视了版面装帧实质是一种在时空中的多维存在——和人的互动中呈现出时序的、空间的动态感。出版物在被人翻阅之时可以表现出时而轻柔、时而刚健的动态，由此产生了优雅多姿的动态之美。因此，我们在做版式设计时，应有动态立体的设计观，以此丰富实物的造型效果。

日本著名书籍设计家杉浦康平先生曾说过："书，是一张纸开始的故事"。一张纸，通过印刷，经过折叠、裁剪镂空，最终变为成品，版式设计也完成了从平面到立体的实现。当我们在翻阅的时候，不仅关注的是每个页面承载的信息和视觉艺术效果，同时也会对翻动的时空变化产生兴趣。

一个好的版式，从一开始构思时就应该考虑到实物的立体展示效果。如图2-74、图2-75

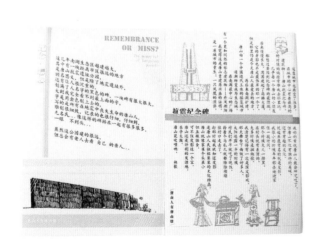

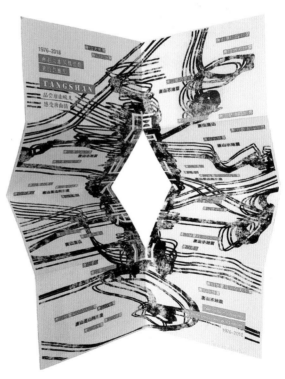

图2-74 《唐山》折页版式1（设计者：张可欣/指导：钱金英）

《唐山》折页的设计，正面是唐山文化的介绍，分成了6个页面进行设计，背面是一幅完整的关于唐山地震的海报。折页经过折叠可以变成一个小卡片，在阅读上给人带来趣味的体验，同时也方便携带。

版式设计从开始到完成的过程是琐碎的，繁杂的，也是无数细节构成的整体设计，细节的设计需要精彩，整体的全局把握也更为重要。超越局部，建立整体的设计观是版式设计学习过程中必须要学会的一个过程。

4. 设计实践

题目：根据文化类的主题（可以是民俗、传统文化、游记等不同方向），图文结合进行版面整体设计。

设计要求：

（1）要求学生对作品具有全局的构思和布局，运用版面设计的形式法则展开创意设计。

（2）版式设计时应考虑设计的风格，设计出与主题内容一致的版面，版面要求16p以上。尺寸要求：大于10cm×10cm。精度300dpi，彩色打印制作。

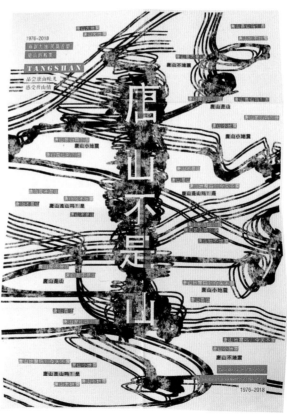

图2-75 《唐山》折页版式2（设计者：张可欣/指导：钱金英）

2.4.2 实验课题2 肌理材料与版面的碰撞

1. 课题要求

课题名称：肌理材料与版面的碰撞

课题内容：版式与材质

教学时间：8个学时

教学目的：

（1）了解纸张的肌理效果，熟悉手工制作的工序，学会用多维的思维去设计作品。

（2）清晰版面编排设计风格，选择合适的肌理材料。

（3）要求学生能理解不同的纸张给人带来的视觉和触觉的效果，不能盲目应用。

（4）了解材料工艺和肌理表达的合理性。

（5）重点理解版式风格的定位及掌握相应的材料表现语言。

作业要求：

（1）设计作品进行制作时需考虑纸张的质感效果，装订方式中可以融入手工制作来丰富版面的整体艺术效果，如图2-76所示。

（2）设计作品的材料表达需考虑是否与版面内容和风格一致。充分利用材料的自然属性，营造诗意的阅读空间。

相关作业：针对完成的版式设计进行立体视觉材料肌理表达。

2. 案例解析

（1）《点蓝》书籍设计

本书取名为《点蓝》，反映的是江南蓝印花布的传统工艺。书名中"点"的表达具有接触的含义。从书的内容看，它包含了接触蓝印花布、接触其蓝染的工艺，还有一种玩耍的意味。而从传统艺人的角度来看，"点蓝"是一种心态，一种细致描摹，一种一丝不苟的创作心态。书籍的整体排版融入了大量的蓝印花布的元素，结合了蓝染工艺进行了生动的编排。作品的排版中素材大都为传统图样，图案规整，色调单一，设计排版时具有一定的难度。

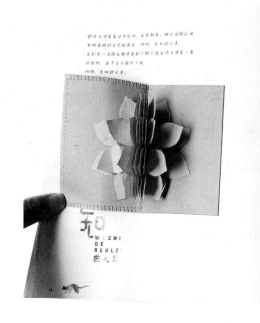

图2-76 《猫说》书籍（设计者：洪玲 / 指导：钱金英）

作品《点蓝》对素材图片的分割和色彩的处理打破了排版的死板僵硬，用色块和图案结合的点、线、面的处理手法使画面生动而灵巧。整本书的设计，根据内容的不同将横、竖版式进行了贯穿融合。实物制作中，《点蓝》书籍以线装为主要装帧形式，使用手工穿线，用蓝印花布的材料做封面，用麻绳和麻布的材料做书签的设计，从而对主题内容进行了升华，让读者体会到了传统工艺的气息。这些后续的设计都与主题相得益彰，体现了作品对主题的深刻理解（图 2-77～图 2-79）。

图 2-77 《点蓝》书籍 1（设计者：祝旭红 / 指导：钱金英）

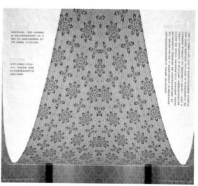

图2-78 《点蓝》书籍2（设计者：祝旭红/指导：钱金英）

图 2-79 《点蓝》书籍 3
（设计者：祝旭红 / 指导：钱金英）

3. 知识点

材料肌理工艺的选择也是版式设计最终能够完成并实物呈现的重要一环。不同的材料肌理和质感能给人带来不同的情感，精巧的工艺也是提升版面效果的良好方法之一。同时，肌理材料也能增强版面的阅读体验。

（1）肌理的质感美

日本著名的书籍设计家杉浦康平认为：一本书不是停滞在某一凝固时间的静止生命，而是构造和指引周边环境有生气的元素，设计是要造就信息完美传达的气场，这是一个引导读者进入诗意阅读的信息构建的过程。他一再强调，出版物不只是传达信息的平面设计，而是营造五感之愉悦，游走于层层叠叠纸张之间的构成语言。此文中，它强调纸张对于阅读体验来说所带来的愉悦感是不言而喻的。纸是一种很有魅力的载体，它有不同的颜色、重量、纹理、质感等区别。作为设计师，我们应仔细感知纸张的味道，合理地传达设计作品的内涵。

众所周知，有条理、有节奏、有层次的版面编排是艺术创作中所需要做的前期工程，这个步骤需要设计师们在电脑中整理完成，而材料和工艺的表达是设计作品能实现的物化载体。质感各有其独自的秩序，这种体验是不能被其他东西代替的，不是用语言所能表达的，需直接用肌肤接触或用眼睛观看，才能有生理、心理的直接感受。质地可以通过触觉和视觉感知。在设计中，运用纸张的肌理和材料的触感来融入到主题中也是考量设计功底的一个重要环节。在版面的后期实现中，建议重点考虑纸材的选择。根据主题风格和内容的不同选用不同的肌理和质感的纸张，或古朴，或轻松，或诙谐等，这些方法都能给读者带来多样的视觉品味，增强版面的质感美。

图2-80 《闲人诗》画册（设计者：李晨倩／指导：钱金英）

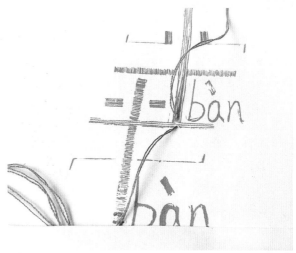

图2-81 《半半》书名设计（设计者：张丹妮／指导：钱金英）

（2）材料工艺的体验美

在设计过程中，设计作品能够使用的工艺很多，如凹凸、UV、烫金、烫银、激光雕刻等不同方式。很多出版物在封面和内页的设计时，考虑选用一到两个工艺来增强艺术效果。而这些工艺大都需要印刷厂进行专门制版定做，对于学生完成一个课程作业而言，因印刷数量较少，成本较高，实现起来确实很有难度。为了增强版面的艺术效果，学生可以通过其他的手工方式去实现作品的艺术效果或用手工材料的趣味制作等来丰富版面的效果。如图2-80，《闲人诗》的画册脊背采用红色的细棉线进行穿插，整个过程都是经过设计者手工缝制。这不仅增加了读者视觉上的阅读趣味，也提升了触觉的体验。再如图2-81~图2-84等作品的设计，都体现出了材料工艺的体验之美。

手工材料和工艺的表达不仅需要考虑穿线、切割、折纸等制作工艺的难度和实现的可能性，而且也要吻合主题的内涵。如图2-85中，《猫说》的画册设计围绕猫为主题进行插画创作，描绘了大量猫的各种表情。在实物的装帧上改变了画册常有形态，加入了大量的手工制作，穿插了不同形态的折纸艺术。这些手法给画册带来了丰富的立体效果。在画册的结尾，作品设计了四个折纸的容器，寓意为鱼缸的想象，构思巧妙，富有新意。这也是对设计作品的感悟。

图2-82 《半半》书签设计（设计者：张丹妮/指导：钱金英）

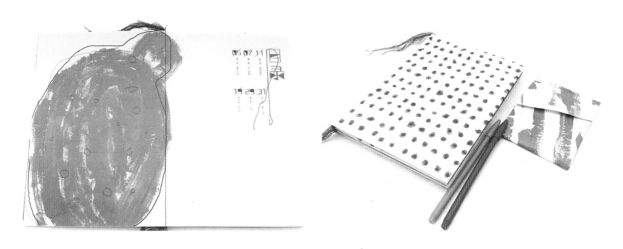

图 2-83 《路边的野花你不要采》画册（设计者：王伶莉 / 指导：钱金英）

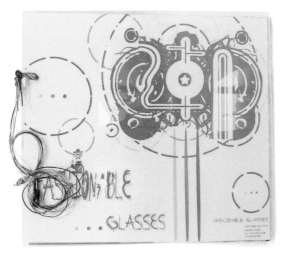

图 2-84 《Fashionable Glass》书籍（学生设计 / 指导：钱金英）

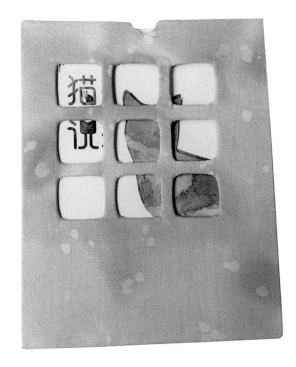

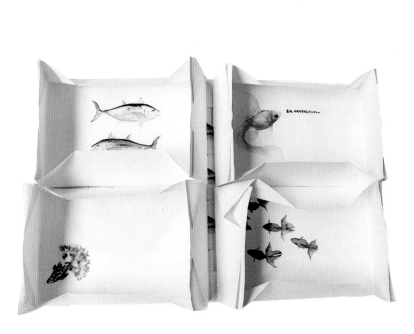

图 2-85 《猫说》书籍（设计者：洪玲 / 指导：钱金英）

图2-86 《青铜记》书籍（设计者：姚微／指导：钱金英）

4. 设计实践

题目：针对完成的版式设计进行材料肌理表达

设计要求：

（1）设计作品制作时需考虑纸张的质感效果，装订方式中可以融入手工制作来丰富版面的整体艺术效果。

（2）设计作品的材料表达需考虑是否与版面的内容和风格一致。充分利用材料的自然属性，营造诗意的阅读空间。

优秀设计作品如图2-86~图2-88所示。

图2-87 《看》书函（设计者：陈敏佼／指导：钱金英）

图 2-88 《看》书籍细节

（设计者：陈敏佼 / 指导：钱金英）

Format
Design

03

第 3 章　版式鉴赏与分析

第3章 版式鉴赏与分析

版式设计是设计类专业的基础课程，课程侧重于培养学生对元素的提炼，信息的选取，体现设计传达的综合能力。版式设计涉及的领域较广泛，如宣传册、书籍设计、产品包装、招贴设计、工业设计展览海报、移动终端等不同的应用领域。不同的设计领域，版式设计的方法不同，视觉效果也不同。欣赏、分析丰富的优秀案例是提升版式设计的艺术美感的重要方法之一（图3-1）。

图3-1 《别拿鸡毛当令箭》画册局部
（设计者：洪玲 / 指导：钱金英）

3.1 产品类版式

产品设计中的版式设计主要侧重于产品方案的后期展示。版式设计中强调方案的创意展现和传达。在产品设计中版式编排的用途主要围绕设计展览、设计竞赛，以及 App、网页等新媒体上的产品推广。在这类版式设计中，编排的重心应围绕产品本身进行展开，产品的细节、尺寸及文字说明应配合画面进行设计，画面应考虑产品的风格和特点，在排版中选择合适的字体和手法进行配合（图3-2）。

产品与版面

"云河木玩" 儿童玩具设计

浙江省云和县又被称为"中国木制玩具城"，木玩产品销量占全国同类产品的近50%，是国内规模最大、品种最多的木制玩具生产、出口基地。为进一步提高云和县玩具产业的市场知名度，收集创意玩具的新想法，主办方举办了"2017云和木制玩具创意设计大赛"。

图3-2 游乐园（设计者：白雅君 / 指导：钱金英）

大赛主题：创意木玩，云和设计

以木制品玩具为主的创意产品设计，需要方便投入生产，易于市场接受。包括如下 10 大类：积木玩具类、拼装玩具类、轨道交通类、拼图拼板类、绕珠串珠类、拖拉玩具类、音乐感知类、童车摇马类、智力玩具类、情景玩具类。

（1）以一人或者两人组成一个设计小组，完成云河木玩的课题设计。

（2）在课题开始前，要求学生能进行市场调研，去各大商场（如宜家、玩具反斗城等）进行实地调研。思考现有的木玩品牌存在的优势和劣势，思考不同年龄段的木玩玩具的不同设计要求。图文结合完成 3 分钟的 PPT 设计和讲解。

（3）分析，定义，用头脑风暴法画出设计思维导图，找出木玩设计的突破点。用熟练的技法表现创意草图，用简练的文字在草图中说明木玩设计的亮点。草图设计 5 幅以上。

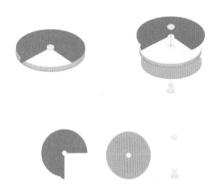

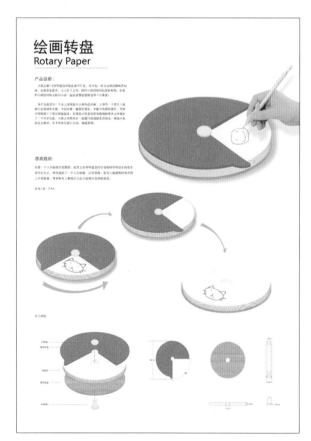

图 3-3 绘画转盘（设计者：李沁 / 指导：钱金英）

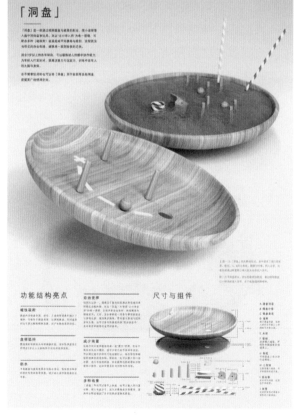

图 3-4 洞盘（设计者：张弛 / 指导：钱金英）

（4）挑选满意的设计方案进行方案的细化，完成效果图表现和模型制作。学生可以用三维软件完成设计方案，也可用手绘进行表达。作品要求能观察到木玩设计作品的几个重要角度，完整地体现创意思路。

（5）设计木玩作品版面，积极参赛。版面内容中要求能体现作品的效果，能用简短的文字写出设计的创意说明。A2幅面（420mm×594mm），必须为竖式构图，文件格式为JPG，分辨率为200dpi，能够保证大幅喷绘和印刷要求。内容包括作品名称、整体效果图、局部效果图及设计说明。版式设计要求简洁、现代，突出创意。

优秀产品类版式设计如图3-3～图3-10所示。

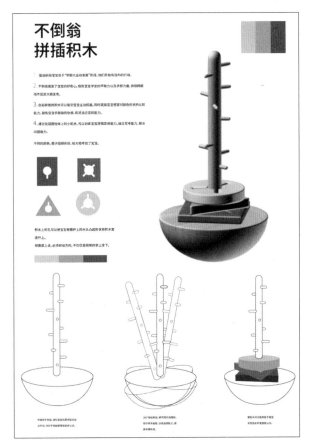

图3-5 不倒翁拼插积木（设计者：赵薇郁 / 指导：钱金英）

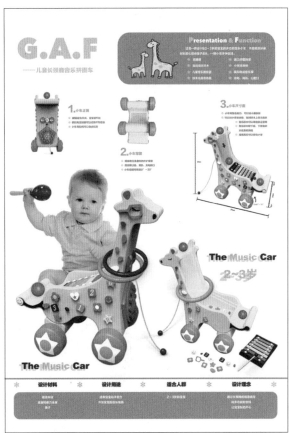

图3-6 儿童长颈鹿音乐拼图车（设计者：阮杭洁 / 指导：钱金英）

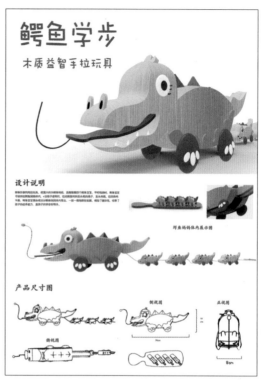

图 3-7　青蛙王子（设计者：梁詹艺 / 指导：钱金英）　　　图 3-8　鳄鱼学步（设计者：杨紫一 / 指导：钱金英）

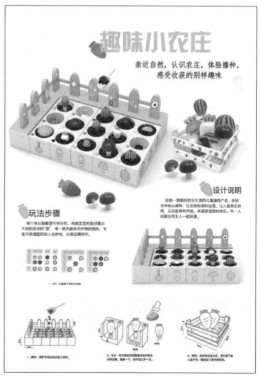

图 3-9　变职兔儿爷（设计者：张明浩 / 指导：钱金英）　　　图 3-10　趣味小农庄（设计者：胡佳瑶 / 指导：钱金英）

3.2 平面类版式

版式设计在不同的应用领域发挥着极其重要的作用，其形式多变，内涵丰富，对外传达着丰富又精准的信息。版式设计在平面设计中必须遵循不同的主题和内容的基本特点，针对不同类别的主题版式设计，灵活地运用设计元素、设计方法和技巧，进行风格迥异但表达准确的设计方案。版式设计在主题设计中应该做到形式与内容的完美统一，以及内容表达的灵活性与创新性。

3.2.1 折页与版面

折页是常见的广告宣传形式。折页的折法有许多种，形式多变，根据折数的不同，可以分为三折页、四折页或者更多的折数等款式。需要注意的是，即使折叠次数相同，不同折法折出来的样式也不同。当然，是顺着长边折，还是顺着短边折，其成品形状也会有很大的差异。因此，只有掌握每一款折页的制作方法，才能恰当地进行设计。

根据设计师的巧妙构思，折页形式上可以多变和丰富，也可以为海报和折页相结合的新颖风格。在折页的版式设计中，首先应确定折页折叠完成后的主题形象面，然后根据折页翻阅的次序编排信息的层次。在折页编排中，设计师应考虑页面展开后的折页的连贯性，画面不仅要呼应也需把握设计的变化（图 3-11~图 3-17）。

图 3-11 《异》折页（设计者：吴萍婷 / 指导：钱金英）

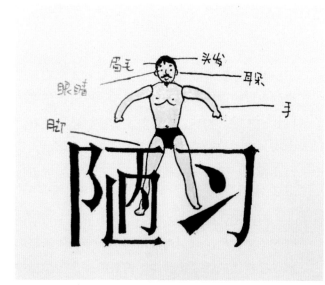
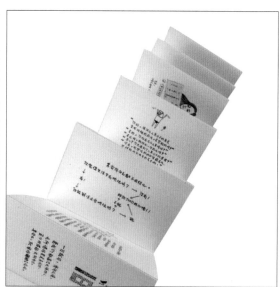

图3-12 《吃饱了撑着》折页（设计者：周若茹/指导：钱金英）

图3-13 《遗珍》折页（设计者：张佳兰/指导：钱金英）

图 3-14 《云南小食》折页（设计者：黄娜娜 / 指导：钱金英）

图 3-15 《怪兽》折页（设计者：林子翔 / 指导：钱金英）

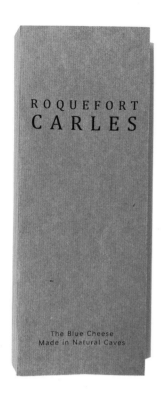

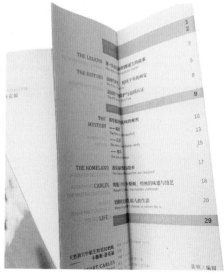

图 3-16 《Roquefort Carles》折页 1（设计者：张弛 / 指导：钱金英）

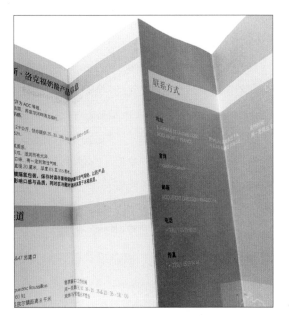

图 3-17 《Roquefort Carles》折页 2（设计者：张弛 / 指导：钱金英）

3.2.2 招贴与版面

招贴是平面广告的一种形式，是一种以传达信息为目的，以印刷媒介为主的张贴形式的广告。招贴的主要功能是传达信息，不论在商业、政治还是文化教育等方面，招贴的最终目的都是用视觉化的语言传达信息。

在现代生活中，海报招贴已经成为传播信息不可缺少的一种方式和途径。海报在表达上强调个性，注重画面的艺术效果。海报中除了运用创意性的图形语言来传达信息之外，越来越多的平面设计师也会选择运用汉字的再设计来表达创意。随着广告设计的发展，广告的艺术表现手法日益丰富，设计师尝试不同的表现手法，希望将自己的设计创意能从琳琅满目的广告中跳出来，吸引消费者的眼球。

版式设计是招贴设计中的基础。招贴中的版式设计重点考虑整个版面中的视觉效果，画面设计时侧重于强调图形的冲击力。因此，招贴中的图形元素在版式设计中占据着重要的地位，掌控图形在画面中的比例显得格外重要。招贴中的文字可以以广告语的形式出现，在画面中起到画龙点睛的作用，衬托着海报的主题。在构思海报时，设计师应重点考虑读者应该先看什么，后看什么，将画面元素建构出视觉的层次，提升阅读的形式美感。

按照招贴的类型来分，招贴设计可以分为单张和系列招贴等。系列招贴相比单张招贴而言，创意设计更需有深度和延续性，版面设计的图形元素应具有相似性，文字编排设计以及色彩元素等都应有连贯性（图 3-18 ~ 图 3-28）。

图 3-18 《人祖山》招贴（设计者：朱智红 / 指导：钱金英）

图 3-19 《厉害了我的国》招贴（设计者：高雨婕 / 指导：钱金英）

 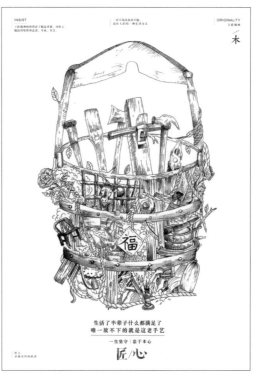

图 3-20 《匠心，一生坚守》招贴（设计者：陈迎夏 / 指导：钱金英）

图 3-21 《对话》招贴（设计者：李梦伟 / 指导：钱金英）

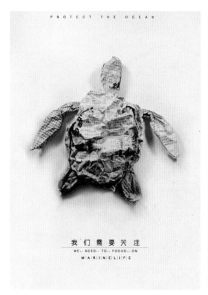

图 3-22 《我们需要关注》招贴（设计者：魏上升、楼名洋 / 指导：钱金英）

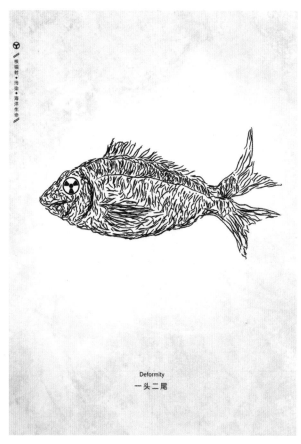

图 3-23 《畸形》招贴（设计者：张龙 / 指导：钱金英）

图 3-24 《昨天、今天、明天》招贴（设计者：余佳佳 / 指导：钱金英）

图 3-25 《消失的匠心》招贴（设计者：杨露露、焦震 / 指导：钱金英）

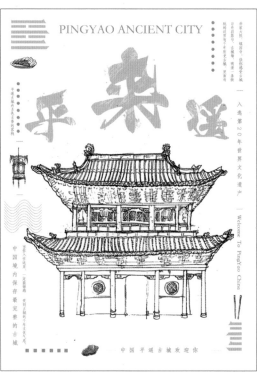

图 3-26 《平遥古城》招贴（设计者：陈龙／指导：钱金英）

图 3-27 《拾忆》招贴（设计者：朱智红／指导：钱金英）

图 3-28 《别人眼中的你》招贴（设计者：王婧阳/指导：钱金英）

3.2.3 包装与版面

包装设计是围绕包装的属性进行的一系列造型、结构、图形、色彩、文字的视觉传达语言。这些视觉设计要素在表达上应和商品的内涵达成一致。

在版式设计中，包装的版面通常以图形为主要设计元素，文字为辅。包装图形的表达可以通过手绘、摄影、抽象形式的提炼等多种艺术手法来表达。图形元素在选择时反映商品的内容属性，而中文字元素的设计是自由的，但不是任意的，信息的表达需根据不同的画面形象来进行相应的设计，其方式是可以选用手绘字体或电脑制作等。

包装的文字编排应处理好包装主体文字和说明名字的关系，清晰地表现出画面信息的主次，方便消费者识别。

包装的版式设计侧重于表达产品的信息，突出产品的个性化视觉形象。尤其在系列化包装设计中，设计表现手法应侧重表达包装主体形象的连续性，使系列化包装具有良好的统一性和协调性。

优秀的包装设计能引起人们的注意，展现产品的优点，引起人们的购买欲望，最终采取消费行动。因此，包装设计应力求文字简洁，画面清晰，通俗易懂，引人注目，令人难忘（图3-29~图3-33）。

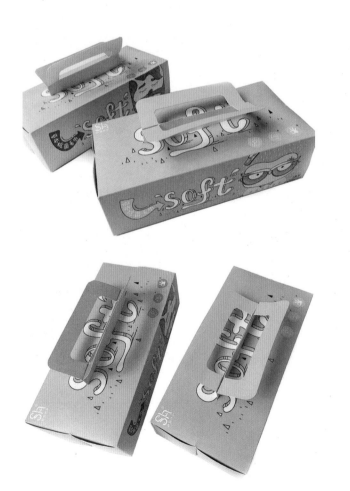

图 3-29 "舒胡"毛巾包装（设计者：王佳丽 / 指导：钱金英）

图 3-30 "舒胡"沐浴球包装（设计者：王佳丽 / 指导：钱金英）

图 3-31 轻食包装（设计者：方洪珏 / 指导：钱金英）

图 3-32 "奕语"养生产品包装（设计者：周奕琳 / 指导：钱金英）

图 3-33 "拾忆"银饰产品包装（设计者：朱智红 / 指导：钱金英）

3.2.4 书籍与版面

书籍设计，是指从书籍的文稿到版式编排，再到实物制作的整个过程。书籍也是汇集信息、元素传达给读者的载体。书籍设计是一门综合的学科，在书籍设计中，设计师需要把握书籍的风格主题、开本形式、装帧形式的统一，并对封面、腰封、扉页、正文、字体、版式、色彩、插图、纸材、印刷、装订等各个环节的艺术上的掌控。在书籍设计时，设计师既要处理好每个页面的细节，也要把握好版面的整体布局和书籍的艺术风格。

书籍在考虑传达内容的基础上也应考虑如何让读者更加愉悦地进行阅读，构造出诗意的阅读空间。中国著名的书籍艺术家吕敬人提出，书籍应从"装帧"到"书籍设计"再到"书筑"的转变，强调书籍不只是信息的传递，也是时间、空间、概念物化，多维度的转变。书籍设计是一门"构造学"，需要将平面的编排和空间立体的展示进行有效的融合，也包含了设计师的艺术思维、构思创意、设计语言和技术手法的整体设计（图3-34~图3-38）。

图3-34 《解锁》书籍（设计：沈俊飞/指导：钱金英）

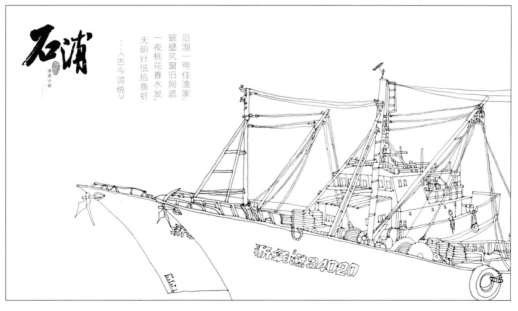

图 3-35 《石浦－渔港小镇》书籍（设计者：周奕琳 / 指导：钱金英）

图 3-36 《石浦－渔港小镇》书籍内页 1（设计者：周奕琳 / 指导：钱金英）

图 3-37 《石浦－渔港小镇》书籍内页 2（设计者：周奕琳 / 指导：钱金英）

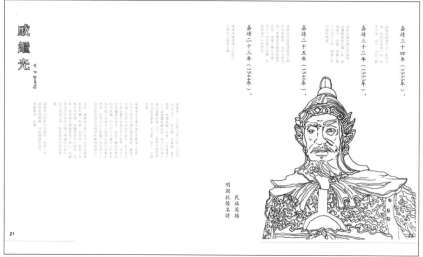

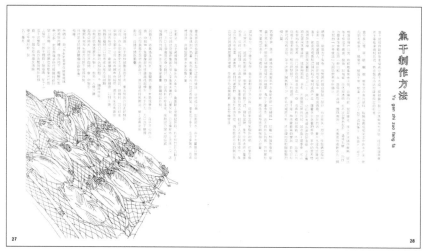

图 3-38 《石浦－渔港小镇》书籍内页 3（设计者：周奕琳 / 指导：钱金英）

版式设计是书籍设计的一个重要环节。书籍中优秀的版式设计可以让读者身心愉悦，带来视觉的享受和美妙的遐想。书籍中的版式编排应紧扣主题内容，版式设计要求图文并茂，画面灵活运用，设计精巧，在有限的空间里各个元素能相互融合。掌握版面的节奏，提升主题的内涵，给读者营造美的视觉空间是优秀书籍设计的基本要求（图3-39~图3-43）。

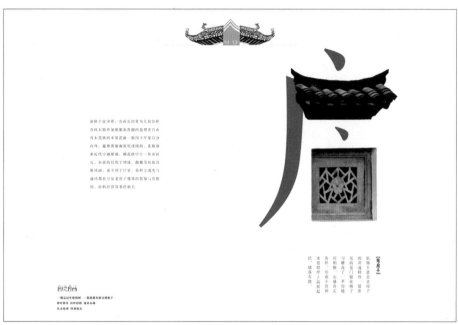

图 3-39 《自说自画》书籍内页 1（设计者：胡燕萍/指导：钱金英）

【老房子】
Lao Fang Zi

老房子是江南人民的生活史、生活的场所，生活的痕迹。它们展示着江南人的生活方式、习俗、兴趣，充溢着人生的喜怒哀乐，渗进游子的梦。

跨水而贸的房屋或闽道分廊多槛……一种是家宅内部跨水相通，即水穿深宅时两岸一家相连。另一种与步行街开门，半为桥为舟，闽成单屋之间，或二三层，上为宅楼，这楼又可作为堂，可供的舟观戏，是鲁迅先生《社戏》夕拾等文学作品中描述过的社戏泗澜场所之一，繁富水乡田园生活之乐。如今置身于江南，沐浴着江南的微风，享受着江南的细雨，雨如烟，烟如雾，雾缥缈缈如缥缥带带，烟雾的细雨细细缈缈如烟雾的细雨缥绵，如同仙境、云幕杯陵着美丽的江南水乡。

建筑有自己的生命，自己的生活内容

建筑不是装人的仓库，不是艺术加技术的大雕塑

这些古民宅大都用杉木作建筑材料，周围墙有高大的围墙。围墙内的房屋，一般是三开间或五开间的两层小楼。比较大的住宅有两个、三个或更多个庭院，各处的雕花和栏板上雕刻着精美的图案、座座屋后种植着花草丛菜荫萝，堂前和栏板上雕刻着精美的雕花石柱，小楼、园园庭院，就像一个个艺术的世界。

自说自画

图 3-40 《自说自画》书籍内页 2（设计者：胡燕萍 / 指导：钱金英）

【城墙】
Cheng Qiang

西安**城墙**包括护城河、吊桥、闸楼、箭楼、正楼、角楼、敌楼、女儿墙、垛口等一系列军事设施，构成严密完整的军事防御体系。

最初的西安城墙完全用黄土分层夯打而成，最底层用土、石灰和糯米汁混合夯打，异常坚硬，后来又将整个城墙内外壁及顶部砌上青砖。城墙顶部每隔40-60米有一道用青砖砌成的水槽，用于排水，对西安古城墙的长期保护起了非常重要的作用。

早在明王朝建立之前，当朱元璋攻克徽州后，一个名叫朱升的隐士便含蓄说该了这墙，广积粮，缓称王。朱元璋采纳了这些建议，当全国统一后，便使命令各府县普遍筑城，朱元璋以"天下山川，唯秦中号为险固"，西安古城原本是在这个城的热潮中，由都督濮英主持，在旧城基础上护建起来的。

【城墙】

【钟楼】
Zhong Lou

钟楼构造了方形基座之上，为木木结构，重檐三层顶，四角攒尖的形式，总高36米，基座每边长35.6米，面积约377.4平方米，内有楼梯可盘旋而上。

第一层北门
[自西向东依次为]
[扎鞭赶牛][木兰从军]

第一层东门
[自北向南依次为][一生殿遥警][雅诏读书]

第二层沙滩秦
[博浪沙椎秦][唱筹量沙]

[文姬归汉][吹箫引凤][红叶题诗]

[黠鼠夜扰][挂角读书][卞庄刺虎][耀蝉弄月]

[东坡题壁][学自趣月][捕蝉弄月]

第一层南门
[自东向西依次为][文王访贤][伯牙鼓琴]

[幽点画][猜妮起兵][伯乐相马][伯牙抚琴]

[葬龙点睛][把桥授书][柳毅传书]

第二层西门
[自南向北依次为][枕戈待旦][黄耳传书]

[由基射猿][龙友题画][黄耳传书]

[孙期放豚][陶侃运甓][李陵兵困]

在檐上覆盖有深绿色玻璃瓦，楼内贴金彩绘，画栋雕梁顶部有鎏金宝顶，金碧辉煌，以它为中心辐射出东、南、西、北四条大街并分别与明城墙东、南、西、北四门相接。

门窗浮雕
西安**钟楼**的门扇镂窗雕楼精美繁复表现出明清盛行的装饰艺术。每一层的门扇上均有8幅浮雕，每一幅浮雕均蕴含了一个古代典故

图3-41 《自说自画》书籍内页3（设计者：胡燕萍 / 指导：钱金英）

懒行的人到**书院门**看"书"的。这"书"涵盖书、画及相关的一切。

这里卖字画的店铺多，里面不仅有许多民间书画爱好者的作品，也有不少名家名作；

但是也有墨品，略挂书院门的资深处走，卖字画的店铺越来越多。

还有许多临街摆设的摊位，其实就是张书桌。

上备文房四宝以及展示有主人写画好的作品。

主人就在此或写字，或作画，出出售作品，

但是更享受这种陶冶情操和相互切磋技艺的生活。

其中不乏功力深厚、作品绝佳的高人。

每年都会大批书画名家

会聚西安，在这里举办各种展览陈列数十次。

....【书院门】

图 3-42 《自说自画》书籍内页 4（设计者：胡燕萍 / 指导：钱金英）

【大雁塔】DaYanTa

唐代诗人岑参在诗中赞道："塔势如涌出，孤高耸天宫。登临出世界，磴道盘虚空。突兀压神州，峥嵘如鬼工。四角碍白日，七层摩苍穹。"

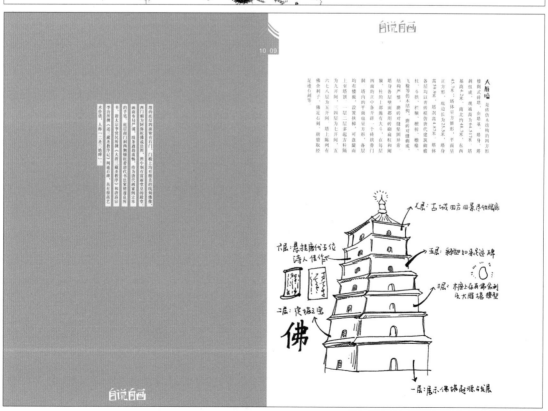

图 3-43 《自说自画》书籍内页 5（设计者：胡燕萍 / 指导：钱金英）

3.3 网络资源导航

1. 视觉中国设计师社区 http://www.shijue.me/

视觉中国设计师社区是国内一个专注于设计作品分享、发布、销售的设计专业资源平台。设计师可以在海量的资料库中寻找灵感，可以发布自己的作品参与各类设计大赛，同时也可以获得一定的收益。

2. 站酷 http://www.zcool.com.cn/

站酷（ZCOOL）是定位于中国设计师的一个互动平台，秉承"让设计更有价值，与创意群体一同进步"的理念，汇聚了数百万的优秀设计师、摄影师、插画师、艺术家、创意人在这里互动交流，发布和分享作品，在设计创意群体中具有强大的影响力与号召力。

3. 设计在线 http://www.dolcn.com/

设计在线是国内成立最早的设计专业网站，是伴随着中国设计行业和设计人的发展一起成长的专业权威网站，目前已经成为一个集竞赛推广、会议展览资讯、院校联络、设计机构推介、论文发布以及图库资源等一体的大型综合设计类网站。

4. 中国最美的书 http://www.beautyofbooks.cn/

"中国最美的书"是由上海市新闻出版局主办的年度评选活动，邀请海内外顶尖的书籍设计师担任评委，评选出中国大陆出版的优秀图书25种，授予年度"中国最美的书"称号并送往德国莱比锡参加"世界最美的书"的评选。反映了当今中国书籍设计的面貌和水平，体现了中国书籍设计者在与国际设计界的联系和交流过程中，不断创新和探索的精神和取得的进步。

5. 随园书坊新浪博客 http://blog.sina.com.cn/u/2115420012

随园书坊是装帧设计师朱赢椿老师在南京师范大学随园校区内建立的书籍策划与文化创意工作室。随园书坊的理念是将书籍设计视为一个立体的、多侧面、多层次、多因素的系统工程，让设计理念提前介入选题策划的编辑过程，准确表达书籍的气质，充分利用设计手段发挥纸质图书独特的质感魅力，凸显书籍的艺术效果，以求让纸质图书成为具有典藏性的艺术品甚至奢侈品，从而体现出电子媒体不可替代的价值感。随园书坊新浪博客是朱老师发布的设计理念、观点、活动以及转载的一些媒体报道和其他有价值的资料，对于书籍设计者来讲是一个值得阅览、学习和交流的优秀空间。

6. 东道设计 http://www.dongdao.net/

东道品牌创意集团有限公司是中国颇具规模和影响力的综合性品牌战略咨询和设计公司，专注于为客户创造和管理品牌，提供从品牌资产研究、市场洞察、品牌机会分析、品牌战略、品牌组合规划、命名和语词创作、设计（包括品牌识别设计、环境空间导示设计、包装设计、网络设计）到内部品牌导入、品牌管理制度建设的综合性服务，以提升客户在海内外的品牌影响力。

7. 视觉同盟 http://www.visionunion.com/

视觉同盟是为全国以及海外各行业的设计师和设计院校在校学生提供全方位服务的专业网站，成立于 2004 年 7 月，全面覆盖设计行业，内容信息全面高效及时。网站主要内容包括：设计资讯、平面设计、工业设计、多媒体设计、CG 动画、建筑与环境、设计竞赛、设计招聘（中国创意设计人才网）、品牌专区、院校同盟、会员作品集、搜图、社区、论坛等子站和频道；提供以资讯、作品欣赏、理论与资料、访谈、专题为频道结构的内容模式，突出频道特色，实行频道主编负责制。

8. 原研哉设计事务所 https://www.ndc.co.jp/

原研哉是日本中生代国际级平面设计大师、日本设计中心的代表、武藏野美术大学教授，无印良品（MUJI）艺术总监。原设计研究所是一个设计的智囊团。在客户的要求下提供各种设计。既有健全的正统派设计事务所的功能，同时也同样重视对社会和世界的观察，发现新的问题，并对设计项目的各种可能性进行提案。媒体的环境改变了，交流的方式以及设计的含义或者作用都在发生着重大的改变。

事务所希望可以尽可能地并列分析所有的媒体及领域。将美术、印刷设计、建筑、Web、书籍、展览会、酒店设计、城市系统、导航设计等，在与外部的才能与技术进行紧密合作的前提下都纳入其视野，并以可靠的水准将其进行具体化。

9. 红点设计 https://en.red-dot.org/

红点设计大奖是国际公认的全球工业设计顶级奖项之一，被冠以"国际工业设计的奥斯卡"之称，一些达到设计品质极高境界的优秀作品便会被授予"红点奖"。

10. 香港设计中心 http://www.hkdesigncentre.org/en/

香港设计中心致力于深化商业和社会各个方面的设计，推动新设计思维。作为香港政府的设计顾问，香港设计师协会的使命是支持设计的许多可能性，不断提醒我们的社会，智能设计可以实现什么，并为下一代设计师引领道路。

参考文献

[1] 朱书华. 构成设计基础 [M]. 北京：中国轻工业出版社，2016.

[2] 邓中和. 书籍装帧创意设计 [M]. 北京：中国青年出版社，2004.

[3] 马茜. 字体设计基础 [M]. 南京：江苏美术出版社，2007.

[4] （美）奇普·基德. 我想和你谈谈设计形式、字体、色彩、版式及更多 [M]. 上海：上海人民美术出版社，2016.

[5] 沈晓丽. 版式设计基础 [M]. 湖北：湖北长江出版集团，2008.

[6] （日）佐佐木刚士. 佐佐木刚士设计制作原理 [M]. 上海：上海人民美术出版社，2016.

[7] 李慧媛. 书籍装帧设计 [M]. 北京：中国民族摄影艺术出版社，2012.

[8] 朱珺，毛勇梅. 字体与版式设计 [M]. 北京：中国轻工业出版社，2017.

[9] 许楠. 版式设计 [M]. 北京：中国青年出版社，2009.

[10] 金杭. 书籍设计的定位与设计研究 [D]. 杭州：中国美术学院，2010.

[11] 吕敬人. 当代阅读语境下中国书籍设计的传承与发展 [J]. 编辑学刊，2014（5）：8.

[12] 成雪敏. 书籍形态设计中的凹凸艺术 [J]. 装饰，2011（5）.

[13] 姜靓. 书籍装帧设计 [M]. 北京：中国建筑工业出版社，2013.

[14] 陈高雅. 版式设计诀窍 [M]. 北京：北京理工大学出版社，2014.

[15] 王曼蓓. 超越书籍本身的书籍设计教学 [J]. 书籍设计，2012（6）：92.

[16] 王汀. 版面构成 [M]. 广州：广东人民出版社，2000.

[17] 林国胜，毛利静. 字体设计与应用 [M]. 北京：人民邮电出版社，2016.

[18] （美）凯姆·格罗姆百思凯. 平面设计师的完全教程 [M]. 上海：上海人民美术出版社，2014.

[19] （美）帕贝·埃文斯，马克·托马斯. 视觉传达设计基础 [M]. 上海：上海人民美术出版社，2017.

[20] 刘春雷. 包装文字与编排设计 [M]. 北京：印刷工业出版社，2010.

[21] 杜士英. 招贴设计基础 [J]. 上海：上海人民美术出版社，2009.

[22] 李慧媛，张磊. 书籍装帧设计 [M]. 北京：中国民族摄影艺术出版社，2012.

[23] 王丽梅. 书籍设计中肌理艺术 [J]. 编辑之友，2013（3）：111.